认识南极　保护南极　利用南极

南极小百科

陈立奇　刘书燕　编著

海洋出版社

2021年·北京

图书在版编目（CIP）数据

　南极小百科/陈立奇,刘书燕编著.-- 2版.--北京：海洋出版社,2018.12
　ISBN 978-7-5210-0288-1

　Ⅰ.①南… Ⅱ.①陈…②刘… Ⅲ.①南极－普及读物
Ⅳ.① P941.61-49

　中国版本图书馆CIP数据核字(2018)第300047号

责任编辑：高朝君　薛菲菲
责任印制：安　淼

海洋出版社 出版发行

http://www.oceanpress.com.cn

北京市海淀区大慧寺路8号　邮编：100081

廊坊一二〇六印刷厂印制

2019年3月第2版　2021年5月河北第2次印刷

开本：889mm×1194mm　1/32　印张：10.125

字数：191千字　定价：56.00元

发行部：010-62100090　邮购部：010-62100072

总编室：010-62100034　编辑室：010-62100038

自2004年出版《南极小百科》，至今已有15年。南极的自然景观和风貌，在地球演化的历史长河中变化几乎可忽略不计。但南极地区的环境和气候，却在全球变化的影响下发生了快速变化。十几年来，人们对南极地区的认识也有了质的飞跃，尤其是通过2007—2008年第四次国际极地年（International Polar Year）的南北极观测计划，对南极地区在全球变化中的响应与反馈作用有了新的认知。

中国从1984年开始首次南极考察，遵循着邓小平"为人类和平利用南极做出贡献"的指示精神，几千人次的中国考察队员奔赴南极，至今已实施了34次南极科学考察计划，建立起4个科学考察站，从常规万吨科考船"向阳红10"号到抗冰船"极地"号，再到破冰船"雪龙"号考察船的迭代更新，从"直九"直升机到拥有了固定翼飞机"雪鹰601"，从可攀登4000米南极最高冰峰冰穹A的雪地车队到可在极端环境钻取冰芯的冰雪钻探队的能力开拓，谱写了南极一首首壮丽的诗篇和一曲曲动人的凯歌。

当今世界，人们更关心我们所居住的蓝色星球的命运，而南极的变化又决定着这个蓝色星球的命运。体量为3000多万立方千米的南极巨大冰盖，占全球冰川总量的90%，存储了地球上可用淡水的72%。冰盖全部融化将使海平面上升60米的猜想会发生吗？人类是否有能力拯救我们生存的蓝色星球？南极洲和南大洋是不是蓝色星球留给人类最后的净土，是不是地球最后的生态屏障？认识南极、保护南极和利用好南极，这是全体中国人向全世界做出的庄严承诺！因此，21世纪的中国南极考察，同样是中华民族面临的机遇和挑战！

党中央、国务院十分关心我国的极地考察事业。邓小平、江泽民和胡锦涛分别为中国南极中山站、长城站和昆仑站题写站名。2014年11月，习近平总书记在视察中国第31次南极科学考察队时，作出了要"认识南极、保护南极、利用南极"的重要指示；2016年，习近平总书记再次对我国极地事业作出重要批示，在《国民经济和社会发展第十三个五年规划纲要》提出要实施"雪龙探极"重大工程。在跨入中国特色社会主义新时代的今天，我们有了一个更加强盛的中国，有了支撑南极科学考察的更强实力，建造新一代的"雪龙2"号破冰船，组成船舶—飞机—雪地车的陆海空立体考察和支撑网络；将在西南极位于罗斯海西岸的恩科斯堡岛上建设中国第五个南极考察站，形成南极洲装备精良、更适合科学研究的考察站网。在业务体系上，实施"雪龙探极"重大工程，尽快构建国家南北极观（监）测网，建立极地数据平台和国家海洋大数据极地分中心，建立一支更能在极端环境下从事科学考察的队伍。但同时，南极科学考察也将面临更加极端的环境变化和频发的灾难，如南极上空仍然笼罩着臭氧空洞，全球还在变暖，冰雪在大踏步地融化，海平面上升、南极大陆冰裂隙密集、暴风雪频繁、西风带强烈、海冰冻结能力减弱、海岸侵袭、物种入侵、病毒和污染物传入、南大洋吸碳能力锐减以及腐蚀性酸化水体不断扩张等。历史将赋予新时代中国更大的责任，新时代中国也将为和平利用南极和南极治理取得更大发言权，做出更大的贡献。

为此，在本书再版过程中，我们除了对原版内容进行订正和文字修饰外，还增添了新的词条，尤其是近年来对南极取得内容进行新的认知和科学猜想，并把南大洋作为南极地区重要组成给予补强。同时，全书采用彩色图片，以求更加丰富多彩，使得南极洲从地理、演变、景观到人文、科学猜想和认知等都变得更加立体丰满，以飨读者。本书在编写过程中，得到庞小平、孙立广、孙波、吴军、朱建刚、刘小汉、唐学远、崔祥斌、凌晓良、房丽君、张少华、祁第、郝晓光、李占生、全开健等同志及视觉中国提供的资料和珍贵的照片，谨此表示衷心的谢意。同时也感谢国家自然科学基金和国家极地考察专项等的大力支持！

作者

2019年1月

原版前言

20世纪太空科技的飞速发展，使我们人类可以从宇宙观看地球。我们所居住的星球是一颗充满蓝色和生命的星球，它在浩瀚的宇宙中自由翱翔，但却危机四伏和孤独无援。

在宇宙诞生100亿年后，地球诞生了，今天，它已经45亿岁了，而人类的起源只有几十万年，有历史记载也只有几千年，和地球相比仅有一百万分之一的历史。数百年来，人们逐渐对自己居住的地球环境有了认识，进入了一个上天可揽月、入海可捉鳖的时代，人类成为高等动物并统辖着地球。

人类真正认识人和自然的关系，经历了一个漫长而又艰难的过程。

从18世纪开始的工业革命，煤和石油等化石燃料被首先使用，铜、铁和锡等矿产资源也被大量开采、冶炼和使用。战争也加速了对这些矿产资源的需求，而化石燃料和矿产资源，不像森林等植物资源及鱼类和海草等水产资源，如果其生态环境不被破坏，它们会不断地循环和再生，化石资源和矿产资源用完就不可能再生。人类为所欲为地任意使用化石燃料和矿产资源的恶果，则会使地球失去固有的平衡，而转化成损坏环境的公害，危害地球，于是人们便开始注意和探索自己行为对地球自然的影响。

人们最初对南极洲的兴趣是出于很重要的商业意图。因自己国家的石油没有了，于是考虑使用南极石油的可能性。但在冰山漂浮的海域，厚冰覆盖的大陆，安全地开采石油有很大的问题，况且还伴随溢油事故和污染周围的环境，而南极的污染会给整个地球带来怎样的危害我们知道甚少。

人们对南极有了一些了解也是最近几十年的事。南极洲，奇寒无比，绝不是人类生活的好地方。那么，人类前赴后继，义无反顾，一次次向南极大陆攀登，期望着什么？

回答这个问题，国内出版的南极读物已有不少报道，但还缺少针对性的面向中学生和高中生的读物。本书初衷是想通过一个个通俗易懂、引人入胜的小故事，逐步解开南极迷人之所在。从阿蒙森、斯科特惊心动魄的南极探险，极光、极夜、地吹雪、冰山等极端南极自然现象，企鹅、海豹、磷虾等南极特征生物到火山、地震、化石资源等地学知识，臭氧空洞和温室效应的环境知识，狗拉雪橇、雪上车、各国考察基地、女性队员等考察知识，全面系统地介绍南极各方面的科学知识。

本书还会让青少年读者了解到，从事南极考察的科学家和工程科技人员是如何以广阔的视野，考虑我们居住的地球，考虑如何利用好南极，考虑如何世世代代保护南极。本书对读者加深理解地球系统和扩大理科的学习思路都会有所帮助。

因水平有限，在编写过程中，肯定有不足之处，恳望广大读者批评指正。

在编写期间，得到刘小汉、赵越、杨惠根等专家的指导。郝晓光、马玉光、李金雁、陆龙骅、秦为稼、赵萍等同志为本书提供了珍贵的照片，谨此表示衷心的谢意。

作者
2004年6月

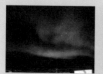

南极和北极

当我们旋转地球仪时，看到的是北极在上，南极在下。实际上地球在宇宙空间里是没有上下之分的，当你站在中纬度大陆上，绝不会感到倾斜，而站在南极大陆上，也只会觉得地球的中心在脚底下。

为了便于理解，我们也按地球仪那样把北极当作上，南极当作下，把地球的顶上凹进的部分称为北冰洋，下端凸出的部分称为南极洲。凹进的部分是大洋，凸出的部分是大陆。北冰洋的面积和南极洲的面积大致相等，约为1400万平方千米。南极圈和北极圈的定义尽管有各种各样的说法，但站在这个圈上面，可以看到有一天太阳不会落下和有一天太阳不会出来，把这个圈（即北纬66.5°和南纬66.5°）分别定为北极圈和南极圈，人们往往也认为越过这个圈就到达了北极或南极。

包含北冰洋的北极圈内居住着北美和格陵兰的因纽

南极小百科
NANJIXIAOBAIK

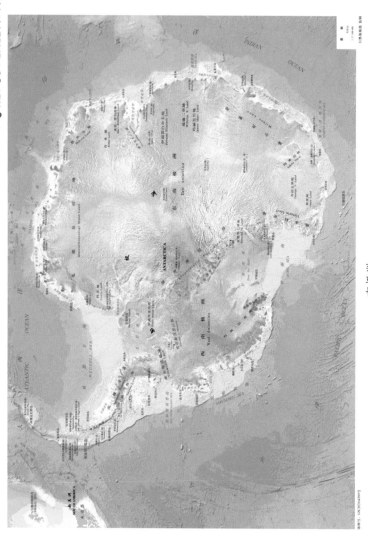

特、西伯利亚的雅库特、北欧的拉普等民族，这些民族以打猎为生。在北极圈内，他们捕猎的对象是海豹、驯鹿和鲸等。驯鹿是陆地生活的食草动物，以食取草木而生存。

北极圈的动植物十分繁茂，2000年前就有人类在这里活动。但是在南极圈内却没有土著居民，除了少数海鸟外，没有土生的陆上动物，植物也只生长着少量低等的地衣和苔藓类。

南极圈的自然条件远比北极圈严酷，可以说几乎不适宜生物的生存，只是在南极大陆周边生存有依赖海洋的海豹、企鹅等。

孤立的南极大陆

　　在世界地图上，面积较大的有欧亚大陆、南美洲大陆、北美洲大陆和非洲大陆，而面积最小的是澳大利亚大陆，这五个大陆虽相互分隔，但却有着很近的距离，隔开澳大利亚和新几内亚的托雷斯海峡宽不足150千米，而隔开欧亚大陆和北美洲大陆的白令海峡宽只有100千米。

　　那么，第六个大陆南极是怎样的呢？从南美洲大陆南端的火地岛到南极半岛尖部的德雷克海峡宽约1000千米，而东南极离澳大利亚大陆却有3500千米，离非洲大陆4000千米，因此，南极大陆被称为一个孤立的大陆。

　　南极大陆还被称为冰雪大陆。大陆面积95%以上被厚厚的冰雪覆盖着，平均海拔为2300米，而冰下却形成了平地、山谷和冰下湖等奇特地貌。

　　喜马拉雅山脉被称为世界屋脊，但拥有这个世界屋脊的亚洲大陆的平均海拔高度也只有960米。最低的澳大利亚大陆平均海拔高度为340米。

南极大陆的平均海拔高度达2300米，这是因为它上面覆盖着平均近1900米厚的冰。若除去它上面的冰盖，那下面基岩的平均高度只有大约400米，这样，南极大陆就变成了和澳大利亚大陆相同的高度了。

南极洲的面积为1400万平方千米，是我国面积的1.45倍，是地球上排列第五的大陆。那里终年冰雪覆盖，即使在夏季，露出的基岩地带也只有5%。

孤立的南极洲

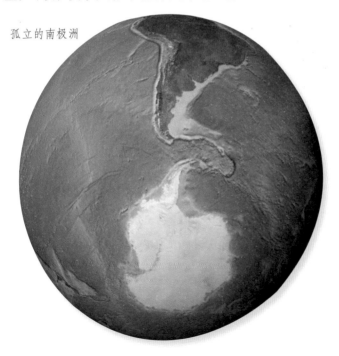

东南极和西南极

南极洲以南极点为中心，大体呈圆形，从威德尔海到罗斯海形成一个大的"脖颈"。沿着0°—180°经度线分成两部分，东半球一侧称为东南极，西半球一侧称为西南极。

横贯南极山脉是从罗斯海维多利亚地北端的阿代尔角到威德尔海的科茨地附近绵延3500千米的大山脉。从罗斯海西侧到南侧，沿着大陆边排列着连绵不断的山脉群。大陆中心近处有霍利克山脉和彭萨科拉山脉，接着是威德尔海侧的沙克尔顿山脉等。这些高2000~4000米连续排列的山脉群被称为横贯南极山脉。

以横贯南极山脉为界，东西两个南极有着明显的不同。东南极是一块大陆的地盾，而西南极是一些并列着的大岛屿，但它们上面都覆盖着巨大的冰盖，冰盖下的陆地地形不同，上面的冰盖形状也不同。东南极的冰盖

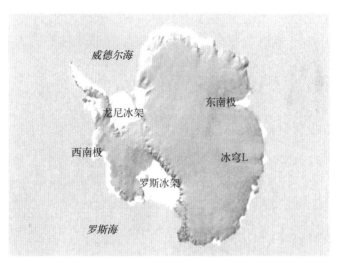

东南极和西南极

最厚达4000米以上，而西南极最厚的地方不足2500米。

　　构成东南极地盾的是在寒武纪形成的岩石。前寒武纪是从5.64亿年前到地球的冥古宙时代，虽年代长，但东南极的地盾平坦稳定，在地球上也是最古老地质构造的大陆。我国科学家提出了东南极存在5亿年前形成的从普里兹湾拉斯曼丘陵沿格罗夫山深入到地盾内陆的泛非期造山带。

　　构成西南极陆地的岩石是古生代、中生代那些新时代形成的岩石。

 南极的四个极

　　南极有四个"极"，即南极点、南磁极、南磁轴极和难以到达极。

　　南极点是地球地理学上的极，即地球旋转轴与地面的交点。南磁极是地磁的南极，磁针指向南的位置。1908年第一次观测到该位置，之后以10千米/年的速度向西北方向移动，现在在阿德雷地北面的海底上。

　　第三个极是南磁轴极。假定地球中心有一根大磁棒，然后测出地球各地的磁力强度，测出的磁力强度与地球总的磁力分布最一致的模型极的位置，即模型磁棒南极的位置是南磁轴极。南磁轴极的位置是南纬78.6°、东经110°，国际地球物理年时，苏联在这个极附近建立了东方站。

　　以上三个极对应在北极有北极点、北磁极（1965年位于北纬73°、西经100°）、北磁轴极（北纬78°、西经73°）。

第四个极是难以到达极，这是南极特有的极。难以到达极是距离所有海岸线都最远的南极内陆的点。这个点在以南纬82°、东经75°为中心的一带，海拔4000米以上，它是冰盖最厚的地带，是地球上自然环境最严酷的地区。以此为中心，冰盖升高向南纬77°、东经35°的西北方向和南纬75°、东经100°的东北方向延伸。因升高的冰盖分别向海岸线方向流动，所以该极一带也被称为南极冰盖的分冰岭。

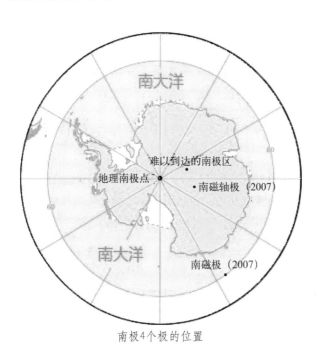

南极4个极的位置

 南极点

　　"上帝，这里是可怕的地方。但受到没有获得第一个到达的责难更可怕。"这是斯科特获知阿蒙森第一个到达南极点那天写的日记。

　　地理学的南极点，即南纬90°，向哪个方向都是北方，一天中太阳在同一高度上转圈。南极点是一望无际平坦的冰原，海拔高度2800米，冰厚2700米。

　　1957年美国在南极点建立了阿蒙森—斯科特站，后来被雪掩埋，虽然进行了扩建，但还是在1974年被放弃。

　　美国在离旧基地1千米的地方建设了新的基地，从1975年1月开始使用。新基地的中心是一个直径50米，高17米的冰穹，在冰穹内建有三栋二层楼。

　　冰穹的主入口处搭有一个宽20米、长100米的木结构隧道，在隧道中设置了储油罐、吊车、工作室、研究室。冰穹中的三栋建筑物分别为食堂、观测室、通信室和越冬队员的房屋。越冬队员不必外出也能来往于各建

N

南极点

ANJIDIAN

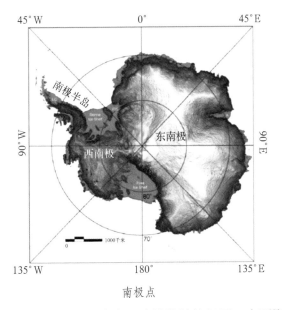

南极点

筑物，即使外面的整个大型建筑物被掩埋了，也不影响内部互通。四层高空大气物理观测设施和气象雷达等在冰穹和隧道外。

在冰穹入口的前方500米处标出了南极点，直径50厘米的银球用棒支起，它周围是《南极条约》12个缔约国的国旗，呈半圆形围着南极点。

南极点冰盖以10米/年的速度向西经47°的方向移动。也就是说，冰盖表面的南极点一点一点地在移动着，因此，南极点每年都要重新进行标定，立上标柱，新测定的标柱离供观光用的漂亮标柱已有150米。世纪之交时，美国投入了1.5亿美元，启动阿蒙森—斯科特站的现代化重建计划，并在2008年完全取代旧站。

 南磁极

地球本身就像一块巨大的磁石，这块磁石有两个极，磁针向南指的位置为南磁极，向北指的位置为北磁极。但实际上，地球的磁场方向并不是正好指向正南和正北。

地球的磁场并非亘古不变，它的南北磁极曾经对换过位置，即地磁的北极变成地磁的南极，而地磁的南极变成了地磁的北极，这就是所谓的"磁极倒转"。在地球45亿年的生命史中，地磁的方向已经在南北方向上反复反转了好几百次。仅在近450万年里，就可以分出四个磁场极性不同的时期。有两次是和现在基本一样的"正向期"，有两次是和现在正好相反的"反向期"。而且，在每一个磁性时期，有时还会发生短暂的磁极倒转现象。

根据1975年有关地球磁场和太阳活动带电粒子流的新资料，目前南磁极的位置，在东经139°24′，南纬65°48′威尔克斯地附近。

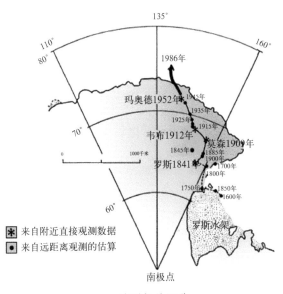

南磁极的漂移

"6点起床……牵引着雪橇前进到2英里（约1.6千米）的地方，为了寻找归路的记号，架起了磁力计，磁针在水平面转动，确定不了前进的方向。再向前2英里架起经纬仪，支起帐篷，简单地进了午餐，从那里莫森计算南磁极的平均位置，前进到5英里的南纬72°25′、东经155°16′，在这里莫森3人进行拍照……15点30分举起英国国旗……22点前终于回到了仓库。"

"为了庆祝今天工作进展，个个高兴得晚餐都比平时吃得饱，幸运的是失败的压力逐渐地没有了。"这是摘自1909年1月16日戴维德教授的日记。

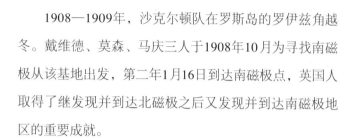

1908—1909年，沙克尔顿队在罗斯岛的罗伊兹角越冬。戴维德、莫森、马庆三人于1908年10月为寻找南磁极从该基地出发，第二年1月16日到达南磁极点，英国人取得了继发现并到达北磁极之后又发现并到达南磁极地区的重要成就。

因在南极磁偏角大，把在国内使用的罗盘仪拿到南极，只有在磁针北侧重叠地卷金丝取得平衡才能勉强使用。水平罗盘仪在南极也遇到困难，磁针滴溜滴溜地转，因不稳定，不能显示一定的方向。南磁极的磁偏角几乎是90°。水平罗盘仪的不稳定范围是数千米以内，从测定的磁偏角确定磁极点，误差也有1千米。

其后在1912—1913年，莫森试图从西侧到达南磁极，虽没有成功，但发现了南磁极向西移动。

南磁极在国际地球物理年前的1955年的位置是南纬68°、东经144°，1965年在南纬66.5°、东经139.9°的海上。2015年，它的位置在南纬64.28°、东经136.59°，离南极点约2860千米的法国迪蒙·迪维尔科考站附近。从发现以来，南磁极点平均以10～15千米/年的速度向西北方向移动。

南极极昼和极夜

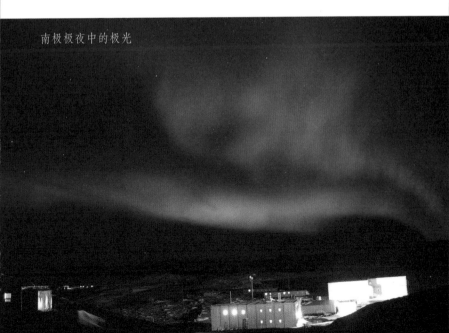

极昼，又称为永昼或是午夜太阳，是指在地球的两极地区，一天之内太阳都在地平线以上的现象，也就是说昼长等于24小时。极夜，又称永夜，是在地球的两极地区，一日之内太阳都在地平线以下的现象，即夜长超

南极极夜中的极光

过24小时。极昼和极夜对于居住在高纬度的人们来说是很自然的事，但对于生活在中纬度的人们来说却是一个不可思议的事情。为什么会发生这样的现象呢?

地球围绕着太阳在一个椭圆形的轨道上一年旋转一周，这个轨道被称为黄道。在黄道中最接近太阳的那个点叫近日点，离太阳最远的点叫远日点。每年，地球在1月3日左右通过近日点时，北半球为冬季，7月6日左右通过远日点时，北半球是夏季。

地球倾斜黄道面23.5°。因这个倾斜，通过近日点时太阳对着南极侧约6个月，通过远日点时太阳对着北极侧约6个月。在北半球秋分时，南极点处太阳升起，到

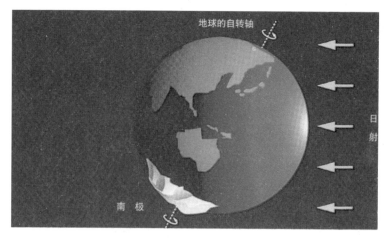

南极冬季时太阳照不到

春分也不降落。秋分这天，太阳在地平线附近转动，冬至（在南极是夏至）时，在与地平线呈23.5°的角度上旋转，接近春分又回到地平线附近。所以，在南极点一年有一次日出和日落，也就是一年365天，有190天是白天，175天是黑夜。

极夜和极昼现象是由于地球对黄道面倾斜23.5°产生的。在北半球的夏季，太阳到北纬23.5°的北回归线的正上方，比冬季最大的47°还大的角度，也就是在正上方，日辐射量大，天气变热。尽管冬天太阳距地球的距离比夏季近3%，但因太阳高度低，日辐射量少而寒冷。

若没有23.5°的角，夏季和冬季寒冷的程度是怎样的呢？产生寒冷差的原因可能只是太阳和地球间的椭圆轨道的距离差，这样就没有季节感了。在地球上，极夜和极昼的地区是纬度高于66.5°的地区，也就是一般我们所说的南极圈和北极圈圈内，分别指南纬66.5°以南和北纬66.5°以北。

自西向东移动的太阳

　　在中国中山站，不出太阳的时期大约是每年5月28日到7月18日。因太阳在中午离地平线近似薄明，故没有一整天全暗。薄明就像日出前1小时和日落后1小时前后那样的亮度。

　　中山站最暗时期是仲冬节，即冬至（6月21日前后），以正午为中心，2~3小时间薄明，在室外达到了可看报纸的明亮程度。晴天中午前后可见到染红了北部水平

南极大陆太阳移动轨迹

线上的天空，15时左右变暗，仰望上空已是星光满天。

5月底左右太阳不升起，7月中旬前后太阳才出现，太阳在北面的水平线上滚转，自西向东移动。而从11月底到翌年1月21日前后，太阳整天不落，夜间醒来，阳光从窗户射入。

在中山站的夏至（12月21日左右），中午刚过，阳光在正北，高度也变得最高，高度随着太阳向西移动变低。18时左右太阳在正西，其后自西向东移动，半夜前后到正南，成为最低高度。伴随着向东移动，太阳高度增高，6时左右在正东，又从东向西移动。夜间因太阳低挂变得寒冷，白天融化的水面又开始结冰，这才感觉到夜的到来。在我国，太阳自东向西移动而消失；而在南极，太阳自西向东移动。

南极比北极冷

　　到20世纪50年代结束时，人们认为世界的寒极，也就是地球上最冷的地方指的是西伯利亚的维尔霍扬斯克。南极大陆虽然也是相当寒冷的地区，但因越冬考察站都建在比较暖和的沿岸地区，测出的最低气温大都在-50℃左右。因此，在维尔霍扬斯克观测到的-66℃，一直被认为是地球表面的最低气温，是地球的寒极。

　　1957年的国际地球物理年开始了南极观测计划，建设了内陆基地开展越冬观测。地球上的最低气温不

南极企鹅和北极熊

断被刷新，1960年8月24日，苏联在南极东方站（南纬78°28′、东经106°48′，海拔高度3488米）记录出-88.3℃，这个值一直保持到1983年，是地球上测出的最低气温。1983年7月21日在东方站又测到了-89.2℃的最低气温。

由于不间断地监测，现已得出南极比北极平均气温低20℃的结论。同样是地球的极，为什么南极比北极冷呢？

地球通过公转轨道的近日点南极的夏季和通过远日点北极的夏季相比，估计向南极辐射的能量强度比向北极的强度大7%，但因地球通过近日点比通过远日点快，南极的夏季比北极的夏季短7～8天，每天平均辐射能量虽多，但因接受能量时间短，所以两极接受的能量大体相等。

南极大陆表面覆盖着的冰盖，将夏季接受的日辐射几乎全被反射掉；而北冰洋海冰表面的反射比例小，依靠辐射能使地面温度升高。到达地表的辐射能与反射掉的能量比例称为反射率，雪表面的反射率达80%～90%，这样大的反射率是造成低温的重要原因。此外，南极平均海拔高度2300米以上也是造成低温的原因。

综上所述，高的反射率使南极成为比北极寒冷的地区，是地球上的寒极。

 寒冷的南极

年平均气温是一年连续观测值的平均数值。在南极，冰盖的表面雪温也呈现出明显的日变化和年变化，随着深度的增加，这种变化幅度减小，雪表面以下10米，它的年平均气温大体是一个固定值。

通过7年的观测表明，南极点站的年平均气温是-49.2℃，美国伯德站-28.4℃，10米深的雪温分别是-50.9℃和-28.3℃；俄罗斯东方站3年观测得到的年平均气温是-56.4℃，雪温为-57.3℃。

在南极泼出的开水立即成冰

各国的内陆考察队通过在多个地点反复测量10米深的雪温，得知南极大陆的年平均气温的分布。影响年平均气温大小的要素之一是该地的海拔高度。在沿岸附近，平均气温和海拔高度大体按比例增加（向气温负的方向），但进入1000千米的内陆，年平均气温随高度增高而大比例增加。

　　气温的等温线和冰盖表面等温线形状非常相似，最低气温地区是东南极的内陆地区。年平均气温-50℃以下，最低气温-80℃以下，包括难以到达极、高原站和东方站等。

　　地球上的寒极可以说是南极大陆海拔高度3000米以上的冰原。在包围着这个寒极的2500米以上的地区，年平均气温为-40～-50℃，最低气温达-70～-80℃。海拔高度2800米，年平均气温达-49.2℃，最低气温为-80.6℃的南极点也包括在这个地区。

　　南极点地区不一定是最寒冷的地区，因此，南极点也不能说是寒极。在东南极海拔高度2000～2500米，西南极1500米以上的地区，年平均气温-25～-40℃，最低气温-50～-70℃。以上三个地区，一年中没有出现高于0℃的气温。

 世界的最强风地带

1912—1913年，莫森率领澳大利亚队在阿德雷地的丹尼森海峡（南纬67°、东经143°）越冬，进行气象和南磁极的调查，观测到3年平均风速为19.5米/秒，月平均风速最大为24.9米/秒，日平均风速最大为36米/秒，一小时平均风速最大为42.9米/秒，瞬时风速最大为100米/秒。

1949—1952年在丹尼森海峡西北60千米的地区，法国队建行了越冬观测，记录到丹尼森海峡的年平均风速为18.5米/秒，最大月平均风速为29米/秒等。

这两个越冬队的观测结果显示，丹尼森海峡附近是地球上最强风地区。与此同时，他们也对强风产生的原因进行了研究，得知这是由于下降风造成。

下降风是大陆内的冷空气沿着斜面运动产生的风。大陆内部的低温和大陆沿岸的陡斜面是产生这种风最合适的条件，从而形成地球上最强风地带。

南极下降风的第一个特征是突然刮起，突然终止；第二个特征是风速大，风刮的方向大体一致；第三个特征是每天都刮，并有持续性。

下降风的风速虽然没有丹尼森海峡风速那么大，但大陆沿岸的考察站受其影响还是很强的。澳大利亚莫森站以及俄罗斯和平站、青年站每年平均风速都达到11米/秒左右，这些站都建在沿岸的露岩上。离海岸较远的站受下降风影响变小，如果离海岸10~12千米远，便几乎不受下降风的影响。

暴风雪中的南极

地吹雪是南极一种独特的天气现象。南极地表有很多浮雪，从冰盖上刮来的下降风把雪从地面上吹起，雪花飞扬可以达到上百米高，人在其中，几乎看不清楚，这样的天气自然也不适于飞行。而且随着下降风的不断加强，气温还会骤然下降。南极科考史上，因为风大导致人被卷走和因气候寒冷人被冻死的事例都曾发生过。

地吹雪可分为三个等级：A级地吹雪，风速25米/秒以上，能见度100米以下，持续6小时以上；B级地吹雪，风速15米/秒以上，能见度1000米以下，持续1～2小时以上；C级地吹雪，风速10米/秒以上，能见度1000米以下，持续6小时以上。

在日本昭和站也有下降风诱发的地吹雪，移动着的低气压几乎都沿着大陆岸线从西向东，地吹雪袭来时，气压急剧下降，气温上升，自动气压计的记录纸记录的

D 地吹雪
ICHUIXUE

如同大型台风通过时记录的"V"字形的气压变化。地吹雪多发生于每年的4月，而且几乎每周都有。

1960年10月10日，在日本昭和站刮起了一年多次的地吹雪。这天下午，队员福岛绅到外面给小狗喂食后再也没有回到站内，从此失踪，他是日本南极观测史上第一个牺牲者。他的生命是被地吹雪夺走的，出事8年后，他的遗体在1969年2月离站4000米的地方被发现。

福岛绅是在离开考察站建筑物100米处出的事。但1979年8月1日在澳大利亚的凯西站，有考察队员到20米外上厕所而未能返回，最后在厕所入口6米处发现了遗体。

地吹雪确实十分恐怖，也被称为雪暴，它的出名来自北美东北部的暴风雪，不管怎样称呼，强风搅动着雪花飞舞，什么都看不见。故能见度极低是地吹雪的特征。

地吹雪

雪脊

人们想象中的南极大陆冰盖表面是什么样的呢？它一定是一望无际平坦的冰原——白色的海洋，使用雪上车在冰盖上行驶犹如乘船在大海上航行的感觉。

其实南极的冰原并不像想象中的积雪那样平坦！南极的冰原虽可见到一些表面雪被风吹刮后露出蓝冰的裸冰带，但常见的几乎到处都是白雪覆盖着的雪原。而雪

冰脊

原的表层雪被风刮削后，产生剧烈的凹凸现状。风强的地方，这个凹凸现状极度发育，向着主风向延伸，看起来就像农田的田埂，这个埂被称为雪脊。

雪脊凹凸的程度，风强的地方高达1米以上，所以在雪脊极度发育的地区乘雪上车行驶总会摇摇晃晃、颠簸起伏，也会有航海晕船那样的感觉。大雪脊地连大型雪上车也很难跨越。

通过雪脊方向可看出风的主方向，因此在南极内陆行驶时，可把雪脊方向描绘在地图上，从而获得整个南极大陆雪脊的流线。描绘出来的大陆风的图像是以东南极海拔高度3000米以上的地区为中心向沿海方向吹着。

南极大陆超过3000米海拔高度的地区风很弱，平均风速3～5米/秒，但风刮个不停，也总能见到地吹雪。即使感觉不到风时，地面上也能见到10厘米左右的地吹雪。

没有地吹雪的时候是罕见的。地吹雪可避开障碍物流动，当考察队宿营时，在排列的雪上车尾部会形成1000～2000米无地吹雪带。障碍物的下风侧还会形成雪飘流，10～20米/秒的风一吹，1立方米的箱子后的雪飘流就像弯弯曲曲的耕地田垄一样，蜿蜒1千米，十分壮观。

冰架

　　冰架是陆地冰体在重力作用下不断地从触地线向海洋方向流动形成的。南极大陆覆盖着的巨大冰盖从内陆高原向沿海地区滑动，跨过海岸地貌流出的冰川浮在海上，和大陆上的冰川成为一个连绵的冰原。这种冰原的海岸线每年大体维持一定的形状，而浮在海上的冰体叫冰架。南极大陆周围分布着许许多多大冰架。

　　南极大陆周围冰架的总面积达160万平方千米。罗斯冰架和威德尔海的菲尔希纳冰架以及南极半岛的龙尼冰架是以大而著称的南极大冰架。罗斯冰架有52.5万平方千米，与法国的面积相当，菲尔希纳冰架和龙尼冰架加在一起有43.3万平方千米，与我国黑龙江省面积相当。

　　冰架的厚度，靠海一侧有200米厚，靠内陆一侧有1000米厚。冰架从内陆向海岸移动的速度，随冰架的大小而不同，同样的冰架则随地区的不同而有差异。像罗斯冰架这样的大冰架，靠内陆的源端流动速度达150～250米/年，靠海的尖端一侧年流动1200米以上，两侧移动有很大的差异。而面积小的阿梅里冰架（3.9万平方千米）和沙克尔顿冰架（3.7万平方千米），源端流动的速度为400～600米/年，尖端达700～900米/年，两侧移动差较小。

　　浩瀚的冰架上面还积压着雪，要保持它的形状十分困难。在罗斯冰架，一年有920亿吨的降雪，大陆冰每年向海里流动的总量估计1660亿吨，降雪相当于它的55%。年降雪110亿吨的阿梅里冰架，大陆冰每年向海里流动的总量达190亿吨，降雪占58%。

　　由于潮汐和海流冲击破裂作用，洋面上出现的桌面状冰山就是从冰架流出的。另外，冰架物质平衡还得考虑底部的冻结和融化以及冰架表面冰的升华。因此，要知道冰架质量的增减，必须进行长期观测。

盖茨冰架

包围着南极大陆的南极海洋——南大洋漂流着无数大大小小的浮冰。海上漂浮的浮冰称为海冰，包括由水和雪组成的冰山、由海水结冻形成的冰层等。冰山破碎后漂浮的海冰和海水冻结形成的海冰，看上去很难区别，这必须通过冰的结晶形状和组分才能判别。

海冰是在海洋表面冻结形成的冰。在南极海洋中，每年海冰最大值出现在9月，最小值出现在2月或3月，通常，夏季海冰覆盖的海域面积约500万平方千米，冬季是夏季的4倍，达到2000万平方千米。

但是在2017年3月，南极海冰最小面积下降至207.5万平方千米，为1979年有卫星观测图像以来同期最低。9月12日，南极海冰最大面积为1801.3万平方千米，也是1979年以来同期最低水平，这可能是由于海洋表面温度上升使海冰融化所致。这一现象的危险在于，当原有的

海冰

海冰形成机制破坏后，人们对南极海冰预测的准确性也会变差。海水盐度降低，某些海域反而可能出现难以预测的新海冰，由此影响航行安全。

大陆周围与大陆连接的海域常形成固定冰。周围的开阔水域从3月开始结冰，一直到10月，固定冰不断发育。之后，固定冰从日辐射增强的11月开始融化，12月下旬到翌年1月再度出现开阔水域，当年生成1～2米的固定冰（也称当年冰）随之消失。

固定冰的外侧有流冰带，流冰带是由1～2米的小冰块到数十米大小的冰块的浮冰群组成，随着风驱动和潮流而流动着。风吹积的流冰发生叠层现象，在广阔海域的冰原中能见到如堤埂状的堆积，这叫冰丘。超过10米厚的冰丘，连破冰船都难以撼动。

固定冰一般从沿岸到20～30千米范围的洋面发育，在它的外侧1000千米处也形成流冰带。流冰带的边缘叫冰缘，但冰缘在冬季和夏季有很大差异。夏季的冰缘在沿岸最多100千米左右，但一到三四月份，每月以10千米到200千米、300千米的比例向北增长着。在9—10月前后海冰最发达，冰缘的位置在大西洋侧增长到南纬55°，太平洋侧增长到南纬63°，印度洋侧增长到南纬60°附近。大西洋侧海冰向北扩张的面积可能是威德尔海的海冰由于偏西风作用下的运送造成的。

以前关于海冰的情况是由航行在南极海域的各国捕鲸船和观测船提供的，近年来则是由人造卫星获得每日的实时变化。

南极海冰

冰山

　　冰山是冰盖和冰架边缘或冰川崩解进入海水的大块冰体。冰山分类主要依据冰山的现状和大小。世界气象组织主要依据现状分类，定义为冰山、小型冰山和破碎冰山。冰山出水5米，又细分为平顶、圆丘形、尖顶冰山等。

　　冰山是南极海域的象征。航行在南极海域的船穿过西风带，越过南纬50°就会遇到冰山。低纬度海区的冰山，是从南极冰架或冰川上掉下来的，经过长时间漂流，融化和破碎形成各式各样的形状，有的像古城墙，有的像青色的城门，凡亲眼见过的人无不产生各种各样的遐想。

　　随着航行纬度的增加，见到的桌面状冰山也在增加，这种冰山是由冰架断裂形成顶部平坦的冰山，有圆顶形的，也有尖的和倾斜形的，形态各异，极为壮观。

　　冰是有重量的，它的相对密度是0.9，冰山露出海面的高度只占冰山高度的1/10，即冰山海面下的高度是海面上部高度的9倍。虽然冰山冰的相对密度是0.9左右，但实际上，冰山内部有许多裂缝和气泡，更轻的冰山海面上的高度和海面下的深度比是1:5～1:7。

桌面状冰山海面上的高度为30～50米，圆顶形冰山平均高度为50～60米，偶尔也能见到120～130米高的。

通过人造卫星多年的观测，发现大的桌面状冰山有的长度超过100千米，1963年阿梅里冰架分裂成的冰山中，有的长达175千米，宽75千米，高20米，这个冰山于

奇特的南极冰山

1968年出现在威德尔海。因冰山海面下的部分是海面上的数倍，所以冰山漂流基本不受风的影响，主要取决于潮流。从阿梅里冰架分裂出巨大的冰山，每日以1000～3000米的速度流动，和海流的平均速度大体一致。桌面状冰山和圆顶形冰山的长度从数百米到2000～3000米，崩塌形、倾斜形的冰山长度为200～300米。

南极冰山

漂流的大冰山

南极海里漂浮的冰山构造大都是陆上降雪后积压而成的。降雪经过长年累月地挤压成为冰川或冰盖的流动尾部而分离，最后流进海里。在南极冰盖的活动过程中，有大量冰山被分离出来。另外，由于冰山融化的淡水影响表层海水的盐度和海洋环境，所以海洋学家对冰山的漂流研究有着浓厚的兴趣。

为便于区分，一些国家对冰山进行标号监视，并于每周公布各冰山的位置和大小，标号的字母顺序表示冰山被发现的海区（从经度0°逆时针每转90°，以此分为A、B、C、D四个区），并按发现的顺序标上数字。基于此，美国国家海冰中心于1997年7月用卫星影像捕捉到两个大冰山，分别标为D-11和D-12，D-11长100千米左右。而从飞机和船舶上搜集的冰山情报可知，D-11长18.5千米。

冰山D-11和D-12各自起源于韦斯特冰架（东经85°）和阿梅里冰架（东经70°），其乘着南极沿岸西风漂流，以约6～9千米/天的速度流动。

冰山和薄海冰形状不同，受风和海流影响也不同。冰山有的厚达百米，因吃水深受海流影响。冰山流动可以说是一个天然的浮标，从它的漂流也能得到有关海洋循环的信息。

在极区各处无数大小的冰山边漂流边融化。为确保航海安全，科学家们也开始了对冰山的监视，这种监视正在变成了解全球范围的水循环不可缺少的观测。

海上漂移着的大冰山

 冰厚

　　挪威、英国、瑞典三国曾联合于1949—1952年在毛德皇后地连续两年越冬，对南极内陆冰厚进行测量。测量冰厚前，他们认为南极大陆冰的冰厚只有数百米左右。

　　他们主要采用人工地震的方法对南极的冰厚进行测定，即将数百克或数千克炸药在冰中引爆产生人工地震，地震仪记录从冰下基岩反射到冰表面的地震波，读取地震仪记录从发生爆炸到返回的时间，地震波在冰中的传播速度根据冰的密度而有所不同，已知波的速度是35～39千米/秒，以此求出冰的厚度。三国联合队在南极内陆发现了海拔高2400米、冰厚达2000米的地区。2000米的冰厚着实让人们大吃一惊。

　　在第一个国际地球物理年，以美国和苏联为主，国际联合对南极内陆地区的高程和冰厚进行了详细调查。他们使用两台气压计反复不断地测量，求出内陆的高

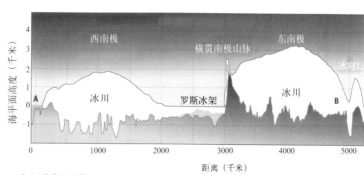

南极冰帽厚度

度，达到误差不超过1米的精度。纬度和经度用天文测量求出（现在用GPS测量）。根据这样的测量和反复的人工地震测量查明了南极大陆内部的形态，测得结果：东南极的中心地区冰的表面高程超过4000米，冰厚达3000米，威尔克斯地冰厚超过4000米。东南极的平均高程2500米，平均冰厚1980米，西南极分别为1290米和1440米。整个南极大陆平均高程2300米，平均冰厚1890米。

南极的冰量

冰是弹性的固体物质。对冰一点一点进行长时间地加力，它会展现像水那样慢慢流动的流体性质。南极大陆覆盖着冰，从内陆向海岸流动需要很长很长的时间。内陆的积雪不久变成冰，继续堆积变厚，形成圆顶状，周而复始，厚的部分向四周流动，整个大陆形成圆饼状。

南极大陆的冰，中心地区厚，向海岸方向变薄。因冰有流体性质，跨越海岸的冰浮在海里，并依附着海岸地形形成冰架。由于冰架原因，对南极冰量的估计会存在2%的误差。

除去冰架，在1248万平方千米的面积上，因平均冰厚1890米，它的体积是2345万立方千米，包括冰架的冰体的总体积是2400万立方千米，其中，83%在东南极，西南极约有383万立方千米的冰，占17%。

南极大陆存在着占全球90%的冰量，9%在北极的格

陵兰。假若南极的冰全部融化,世界会变成什么样呢?南极大陆冰没有了,那么,因冰重压沉下去的大陆将浮出。海平面升高,平原受到海水的入侵,海的面积将变大。要正确地估计海平面升高程度很复杂,但可以肯定比现在的海面要升高40~70米,像上海、东京、伦敦等世界大城市,差不多都会被淹没。

然而,南极冰盖不可能在100~200年的短时间内全部融化,因为南极的冰体量实在是太大了。

冰量的增减

　　从南极大陆周围的裸岩地带发现残留下的冰蚀地貌，知道南极冰盖有比现在更发达的时代。南极海岸分布着贝类化石，推断它们生长的年代是5000年前。如果5000年前海洋隆起变成陆地，那么冰盖后退是在那之前。南极大陆周围，冰盖从1.2万年前逐渐后退，一直到现在。

　　那么现在南极的冰量是正在减少还是增加呢？南极冰量的增减，也就是南极冰盖的质量收支，与我们日常生活的气候变化有直接关系。冰盖的收支中，收入是指降雪，相当于南极大陆雪的积存量，支出是指雪冰的消耗量，除变成冰山流出外，还有表面的升华和融化。无论是积存量还是消耗量都要经过十几年到数十年的连续观测，才能得出较为正确的结论。

　　积存量是根据雪尺、雪层观测、氧和碳同位素测定年代的方法求出的，整个南极的积存量约为20 000亿

吨，即2兆吨。

从冰川断裂出的冰山占了消耗量的大部分，根据插在冰川上的标记移动，求出移动速度，从高空照片获得移动量。估计年平均流出12 000亿～15 000亿吨的冰山。

冰盖和冰架底部也会融化，融化量可根据接触海水和基岩的温度等求出，估计全部融化量为2000亿～3000亿吨。同样求出在冰盖表面的蒸发量和融化量，一般为100亿吨。将全部收支加在一起，南极冰盖作为一个整体基本上是平衡的，且稍有增加。

南极海冰面积不减反增之谜

在过去30年里南极海冰面积出现异常情况，即东南极海区海冰不减反增，自20世纪70年代以来，南极海冰为每10年增加10万平方千米。

尽管目前关于地球变暖、海冰融化以及海平面上升的消息频繁出现在媒体头条，但南极海冰的面积却出现不减反增的现象。根据美国冰雪数据中心公布，在2012年9月，南极海冰区域面积为1944万平方千米，并且还呈现出缓慢增长的趋势，以约1%的速度增加，在9月下旬，卫星数据显示，南极洲周围的海冰区域达到了有史以来最大的范围。

2010年美国科学院院刊发表的文章提出，"20世纪南大洋的降水主要是受自然过程所驱动"。观测和分析表明，20世纪的后50年间，南大洋海水温度升高促使南极上空降水量增多，而降水多数以"雪"的方式降落到南极洲大陆和周边海域。海表面雪量加厚具有两个作用：一是它反射了90%的太阳辐射，从而隔离了表层海水接收太阳辐射而变暖；二是当海水上覆雪溶解时使得海洋最上面的表层和次表层的盐度降低，海水产生层化而阻止了通过密度梯度传递使温暖的深海洋流涌升到表层而融化海冰。通过在3种二氧化碳情景下对南极海冰范围模拟，发现21世纪初南极海域上空的降水将以第二模态出现，即由人为活动所驱动，表明随着温室气体排放的不

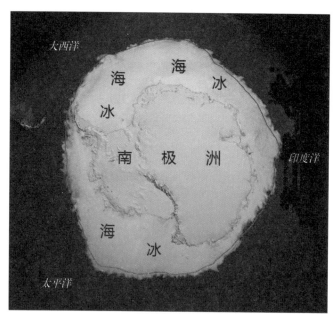

2014年9月14日南极海冰面积（红线为过去25年的平均面积）

断增加，南极周围的海洋也会升高，更多的南极降水可能以"雨"的形式出现，而这时表层被雪覆盖产生的两种效应也将消失，出现海冰融化加速，就像目前我们在北冰洋所看到的海冰快速后退的现象一样。

英国约翰·特拉在美国地球物理杂志发表的文章认为："东南极海区海冰不减反增现象是由于南极臭氧空洞引起的"，这是由于臭氧洞维持东南极大陆的寒冷和促使夏秋风力增强，阿蒙森海低压使秋季海冰增加（10年增加了1%）。

以上两种诱因都可能协同作用促使海冰覆盖范围不减反增。

但最近卫星观测表明，自2016年以来，南极海冰出现明显减少，看来要进一步解开这个谜，还需更多的观测和理论支持。

冰下的地形

　　去掉南极的冰盖，下面的基岩地形，也就是冰下南极大陆的真实形态究竟是什么样子呢？

　　东南极和西南极大的基岩地形完全不同。东南极基岩是一个长径4000千米，短径2500千米的圆形大盆，这个大盆边缘高起的部分，有横贯南极山脉，还有哥打斯、阿尔曼里基、索尔隆戴恩以及大和等毛德皇后地山脉群，从西向东排列着，然后从恩德比地诸山向查尔斯王子山脉延伸。从那里向东，即从东经90°到160°都没有山脉，边缘变成缺口。盆边缘形成的山脉，高峰从2000米到4000米，由于冰盖覆盖，山顶在冰上也只露出一点。整个中央是广阔的大盆地，上面覆盖着厚厚的冰层。

　　这个盆地中央有甘布尔采夫和伯纳特弗斯两个山脉，山脉最高峰2600米。因这里的冰原在海平面上高达

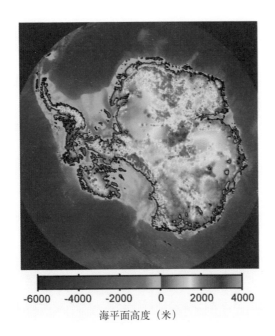

-6000   -4000   -2000   0   2000   4000

海平面高度（米）

除去冰后的南极大陆地形

3500米，所以山脉也完全被埋藏在冰下，看不见实际存在的隐形山脉。该盆地面积相当于1/4东南极的面积，由于冰原重力压迫，基岩表面比海平面还低，有的地方低至1000米以下。如果覆盖大陆的冰体融化，受地壳均衡作用，东南极大陆全部基岩浮出海平面。西南极基岩的表面是比海面低的地区，但也有高出海面两倍的地区，基岩表面的平均高度是-140米，有5000米高的山脉，也有低于海平面3000米的深谷，地形凹凸悬殊。

　　南极大陆的冰全部是由积雪变成的。降雪积厚，受压的下层雪向大的结晶转化，所形成的雪层叫粒雪，在雪表面下数十米到100米深，粒雪层下面变成冰。从雪表面到数米深的雪层，尽管坚硬，但密度大约为0.3～0.4克/厘米³，变成粒雪后，密度为0.4～0.8克/厘米³，雪和粒雪的密度小，是因为其内部包含着空气。雪和粒雪从上面受压变得相互独立、互不通气，这时称之为冰。800米深的冰，每1立方厘米的体积中含有200～300个气泡，冰柱上部的密度小，为0.8～0.85克/厘米³，深的地方压力增加，密度增大，1000米深处的密度最大为0.92克/厘米³。更深的地方压力进一步增加，空气作为分子在冰的结晶中扩散，密度变得稍小，为0.91克/厘米³。

　　使用雪尺法测量年积雪量很方便，即将竹竿和铝棒插入雪中，经过一定时间记录雪面的位置。因只用一根竹竿误差太大，故通过在1平方千米面积上每100米插一根竹竿的方格方式连续观测数年，能得到相当可靠的年积雪量值。在南极点，从1956年到1963年期间使用33根雪尺测得南极一年的积雪量是5.6克／厘米^2。

知道了过去的积雪量，就有了雪层的观测方法。挖雪坑，观看雪断面，能看到像树的年轮一样的每年的雪层，雪的年轮，因夏天和冬天形成的雪面状态而不同。雪的密度有夏季小冬季大的特征，雪粒大小有夏季粒大冬季粒小等特征。

以从上向下的顺序数雪层，能分清200～300年前的层数。在南极点，

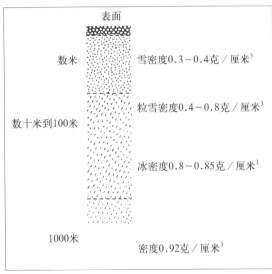

表面

数米　　　　　　雪密度0.3～0.4克／厘米^3

　　　　　　　　粒雪密度0.4～0.8克／厘米^3

数十米到100米

　　　　　　　　冰密度0.8～0.85克／厘米^3

1000米

　　　　　　　　密度0.92克／厘米^3

雪层结构

1760—1825年的年平均积雪量为5.4克/厘米^2，1826—1891年为6.8克/厘米^2，1892—1957年得到的值是5.7克/厘米^2，与雪尺测量得到的值基本是一致的。

南极冰的一生

南极大陆的降雪最终会成为冰。冰的累积量将根据地区和年份的不同而不同，内陆地区为1～10厘米／年，沿岸地区为10～20厘米／年，而且大体上是稳定的。

南极点附近的冰厚2700米，冰的年累积量估计是5～9厘米。假定冰每年以7厘米的速度进行累积，基岩上的冰估计是4万年前降雪形成的。

美国的帕默站，从雪表面到底部2164米，通过打钻获取冰芯，估算出底部冰大约是由7.5万年前的雪形成的。根据冰芯所含氧同位素分析，也可推断降雪时代的气候。

冰向沿岸移动的速度由于地点不同有很大的变化。内陆地区一年从数米到数十米移动非常缓慢；而在沿岸地区，速度要快达数百米，移动快的冰川，年间可达1000～2000米。

大陆冰从海岸向海里跨出形成冰架，受到重力、潮汐和海流作用的影响会断裂成冰山漂流入海；也有的地方冰川向海里扩张直接断裂成冰山。

从内陆到海岸有1000千米的距离。即使平均一年移动100米，内陆降雪变成冰山的时间也会超过1万年，故南极冰山又称为"万年冰"。冰山的平均寿命是12～14年，这个年限与它形成的历史相比实在是太短了。

坐地冰架简图

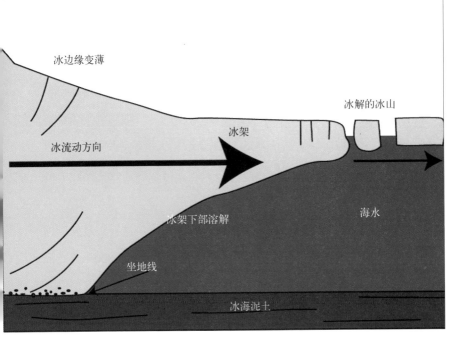

冰边缘变薄

冰解的冰山

冰架

冰流动方向

冰架下部溶解

海水

坐地线

冰海泥土

冰盖和冰川

地球上现存的两大冰盖是南极冰盖和北极格陵兰冰盖。南极大陆被巨大的冰体覆盖着，这种冰体称为冰盖，一般呈穹状。而覆盖住岛屿的冰体称为冰帽，北冰洋沿岸诸岛冰帽十分发达。

所谓冰川，从广义上说是大量的冰覆盖的地方，它是由降雪和其他固态降水积累、演化的处于流动状态的冰体。但是，在冰盖中根据下面的地形地貌分为流动缓慢地区和流动快地区，后者被称为冰流或者冰川，所以冰川只限于这个狭义上的使用。南极冰盖也叫南极大陆冰川。

大的山谷覆盖的冰川叫山地冰川。世界上最长的冰川是南极兰伯特冰川，它是一条冰流，长达800千米，沿着冰下的山谷形成范围广泛的山地冰川。

很多山地冰川汇集一起能形成大的冰丘，称为山麓冰川，在南极已知的冰川中有包括德赖巴莱那样广阔的威尔逊山麓冰川。

冰盖和冰川被山遮拦向低处流去，这样的冰川称为溢流冰川。横贯南极山脉能见到无数溢流冰川，有名的是长达200千米的贝亚多莫亚冰川，从露岩的间隙降落到海里形成高250米、宽600米的冰瀑布。冰川末端向海上伸展，从山麓流下，形成像牛舌状一样的冰川舌或冰舌，海上的冰川不久也会变成冰山流出。

南极冰盖中的冰流，在内陆的起源尚不清楚，但冰流区的冰裂缝却十分多。

冰川移动

　　冰川在上游会刮削山和谷，将沙砾挟带到下游。沙土在下游堆积形成平原。河水流动有破坏、搬运和堆积三大作用。冰川与河流一样具有这三大作用。有的大雪山虽是万年雪，但不是冰川，万年雪不流动，但冰川是流动的。

　　水的流动是湍急的，而冰川的流动是缓慢的，其结果是形成冰蚀地貌，河川谷是"V"形，而冰蚀谷的断面是"U"形。谷的两侧被削成垂直的壁，谷底刮得深，有不少池塘和湖水，称为冰蚀湖或冰川湖。

　　在池与池之间和"U"形谷的末端堆积着冰川搬运来的石砂，有时形成高达200～300米的丘，这些堆石叫碛。河流石在搬运过程中与河床摩擦呈圆弧状。冰川搬运来的石，自山上崩塌后随着冰一起运动，其堆积保持崩塌时的形状。

冰川后退露出的岩石地带，到处都有带圆状基岩的凹凸，因形似羊背，故称羊背岩或羊背丘。冰蚀谷的"U"形谷、冰蚀湖、羊背岩等是由冰川流动形成的冰川地形特征。

在南极，经常可见像有人故意放在那里的大小堆石，仔细

冰川流动

看会发现这些石与基岩石不一样，它们曾经在大陆中同冰一起艰难运动，被输运到现在的位置时冰已融化，只有石头残留下来，这样的石头通常称为迷子石或漂石。冰川挟着石流动的时候，石与下面的基岩摩擦，留下条条伤痕，这叫作冰川擦痕或冰蚀擦痕，这种擦痕不仅基岩上有，搬运石上也有。

南极冰盖中的物质

现在人类活动的影响涉及地球上的每个地区。但是，大部分大陆分布在北半球，人类的活动几乎也都集中在北半球，因而认为南极地区严酷的自然环境，是地球上人类活动影响较少的地区之一，特别是被厚厚的冰包围着的南极内陆，更是与环境污染隔绝的地方。

那么果真如此吗？在核试验频繁的20世纪60年代，氢的放射性同位素氚是高含量放射能。从南极地区现在还没有融化的积雪内部却发现有残留的氚，这说明当时在南极地区上空有可能存在一定浓度的氚。当时各地区氚的浓度，在内陆高浓度的地方与当时盛行核试验的北半球最高浓度相一致。这表明，在北半球产生的物质可直接在南半球的南极冰盖内陆中发现。

这里涉及一个特殊的物质迁移过程。积雪中的氚是由含有氚的水蒸气凝结供给的，它几乎遍及大气平流层。到达平流层的水蒸气在南极内陆上空极低温度下冷凝沉降下来，由此可见，平流层在物质迁移过程中发挥重要作用。

从全球来看，赤道地区是个源区，即在赤道地区物质通过上升流输送到平流层，相反，到达平流层的物质则在南极沉降，称为汇区。把地球作为一个整体，那么南极冰盖中的物质来源于北半球就不难理解了。

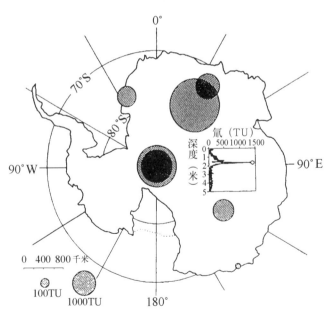

在南极大陆各地观测积雪中氚的最大值（斜线）和1985年在冰穹周围的积雪中观测的氚的垂直分布（白圆圈是极大值）。极大值是由于1963年北半球氚的增加。

白色的沙漠

在南极和北极高纬度地区的降水，几乎都是以雪的形成降落下来。降雪有时还因风大被吹离降雪的地方，所以南极大陆的降水量和降雪量是以年积雪量来表示的。

海上的湿空气容易侵入到大陆周边的沿岸地区和冰架上，所以这些地区的降雪就多，相反，内陆降雪量少。

俄罗斯在和平站测得一年的积雪量为60克/厘米^2，这个量也是在南极积雪量最多的，相当于降水量600毫米。

澳大利亚的莫森站位于中国中山站和俄罗斯青年站中间，积雪量却出现负值。其实在那里，一方面雪被吹走，另一方面升华，消耗的量比降雪量多。这可能是一种例外，一般沿岸地区的积雪量大约为20～40克/厘米^2。

内陆地区的特征是积雪量非常少。因海洋水蒸气进入内陆很困难，高2000米以上的地区积雪量几乎都在10克/厘米^{2}以下，其中200万平方千米面积是在5克/厘米^{2}以下，也有一年间降雪只有1克/厘米²的地区。

世界最大的撒哈拉大沙漠，年降水量在50毫米以下的面积有600万平方千米，在戈壁沙漠约是150万平方千米。5克/厘米²以下的积雪量相当降水量为50毫米。被冰覆盖着的南极大陆的内陆地区与地球的大沙漠具有同样程度的降水量，是一种干燥、寒冷的沙漠。因此，南极也被称为白色沙漠。

整个南极大陆平均积雪量是15克/厘米²，相当于150毫米的降水量，是我国大陆平均降水量（1500毫米）的1/10。

白色沙漠上空飞行的"雪鹰601"号

 南极的植物

在寒冷、干燥、暴风和冰雪等严酷的南极自然环境下，几乎所有植物的生长都很困难。

在南极大陆的露岩地带和岛屿，生长着苔藓和地衣类的植物，形成地衣类、苔藓类、藻类等植物群落。其中地衣类在这种严酷的环境中分布最广泛，连南纬86°、海拔2000米高的霍利克山脉的裸露岩石间也有生长，是地球最南端的植物群落。高纬度的夏季，强烈的太阳辐射使得岩石表层的雪融化，融化的雪形成水流，这种水流表面到了夜里再结成薄冰，冻结的表面很难再融化，这时透明的冰就起着玻璃一样的作用，与岩表之间形成小的天然温室，在这个温室中生长着地衣类植物。

因苔藓需要生长在比地衣类所需水分多的环境，故内陆不易见到。在罗斯海内湾的南纬80°附近长有苔藓类。与地衣类相比，苔藓的种类要少得多。

　　南极藻类的分布虽然只局限在沿岸地区，但很丰富，种类也多，不仅露岩地带和淡水池中有，含盐多的池塘周围和海岸也能见到。美国麦克默多站的四周是南极藻类生长最多的地方。分布在罗斯岛的大小池塘中也能见到藻类，池塘周围和潮湿地带分布也相当广泛。

　　南极半岛北部尖部，位于较低的纬度，自然条件也较好，植被相当丰富。在这里生长着两种草本和一种木本的显花植物，偶尔也能见到茸类植物。我国南极中山站的附近，植物相对贫乏，只生长着地衣、苔藓和藻类。

生机盎然的南极植物

 地衣类

在不能生长树木和草的南极大陆，地衣类是陆上的代表性植物。

地衣类是由真菌和藻类形成的共生联合体，菌类（共生菌）自己没有光合能力，生活必需的营养物质全部由共生藻通过光合作用供给，而菌类为共生藻提供光合作用的原料，并确保共生藻具有稳定的生活场所。

地衣类的形状是各式各样的薄纸状、树枝状，每个都在数微米到数厘米以下。石头表面是地衣类主要的生活场所，有的则生活在苔藓上和岩石中。南极大陆岩石中生活的地衣类，常被作为能够适应严寒南极生活的例子。那些寄种在岩石上的生殖组织只形成子囊盘，在岩石中形成菌系层和共生藻层生活。

地衣类能在寒冷的自然环境中生活的理由是它简单的构造具有适应低温及干燥的生理机能。类似于高等植

物那样的保护组织和导管组织在地衣中几乎不发达。

　　空气中的湿度增加时，地衣类在短时间内吸收大量水分，成为饱和状态，相反，干燥的时间也非常短，用手抓住干燥后的地衣体，会发出咯吱咯吱的声音并变成粉末。而低温下也有从湿润到干燥在非常短的时间内进行光合作用的能力。低于-10℃的低温下，地衣体内的细胞不冻结的原因是细胞内水分少。

　　在南极大陆冰融化后，岩脊露出的地方都生长着地衣类。特别是在雪水流动的地方和营养丰富的鸟巢附近，容易形成超过几十种地衣类的大群落。

南极地衣

南极湖泊底圆柱状苔藓群落

在南极，也像岩石沙漠一样，在生物稀少的陆上散布着大大小小、形状各异的湖泊，这些湖泊多充满清澈的水。从湖畔眺望，它们可能是个生物贫乏的世界。但是，近年调查表明，这些湖泊的底部与陆上相比，仍是一个十分丰富的世界，其内会形成蓝藻、硅藻、绿藻等微小藻类和苔藓植物群落，其中还生活着许多微小动物，可以说是南极的沙漠绿洲，具有较丰富的生态系统。

湖泊的环境比陆上稳定。冬季冻冰1～2米，但冰下水温在冰点以上，夏季水温可达10℃。紫外线、干燥、强风等严酷的陆上环境很难影响到湖底。也就是说，充足的阳光到达深层湖水，能为生物提供良好的生活环境。

这些湖泊的特点是浮游生物贫乏，主要植被是底栖的蓝藻，堆积超过1米，发展成不规则茂盛的丛体。这种蓝藻丛体在大部分湖泊几乎都可找到，在南极植被总量中也占有相当比重，是重要的构成因素。

在一些湖底还发现了奇特形状的苔藓群落。在厚的藻类丛体表面，某种苔藓植物聚集，可形成直径50厘米、高1米的柱状，宛如森林那样耸立着圆柱状苔藓群落，让人们欣赏到一种神秘的景观。这种苔藓群落的种类在南极地区的陆上是找不到的。

大型苔藓丛体顶部到水面的距离大体一致，估计是由严冬冰厚造成的。它们从何处来，何时在湖底安家落户，怎样形成这样奇异的群落，是个极其有趣的问题，尚待进一步研究。

湖底的植被，站立许多苔藓

 南极的动物

据报道，南极洲的陆地动物有150余种，但其中多为海鸟和海兽身上的寄生虫，并非真正的陆地动物。真正的南极陆地动物有昆虫和蜘蛛类，它们是在南极大陆土生土长的"土著居民"，例如蜱、螨、尖尾虫、蠓等。此外，南极洲的淡水塘、溪流和湖泊中生长着种类稀少的扁虫、原生和其他甲壳类动物，如水蚤等。

因南极大陆不生长任何种类的草木门类，所以没有像北极圈生活着的驯鹿、麝香牛、野兔那样的食草动物，当然，也没有像以食草动物作为食物的狼、狐狸、白熊之类的动物存在。

说起大型动物，在南极的裸露岩及其周围也只有海鸟和海豹一类动物繁衍，更不用说在南极内陆栖息。

然而南极大陆确实生存着一些微型动物。至今发现南极内陆最大的陆上动物，是长5毫米、翅膀退化了的蝇的同类，但数量不多。

在地衣和苔藓之间及沙砾地区，生存着最原始的昆虫蜱。它是不足1毫米长的小动物，是南极大陆最常见的陆上动物。

8条腿的蜱、虱子和跳虫一样在裸露岩石地带的苔藓中生活着。有的虱子和蜱寄生在企鹅和海豹身上。据说在所有南极生活的海鸟和海豹身上都可发现这种寄生虫，它们是南极最小的肉食动物。在动物残骸上生长的藻类上生存的蜱也很多。

这些蜱和虱子大小都在1毫米以下，这样小的动物在南极夏季成长、繁殖，而且在苔藓和土中一起冻结过冬，一到夏季便开始活动，有时夏季的夜间又冻结，过着晚上冻结、白天活动的生活。

在池塘和积水周围观测蜱类，离开水池0.5～1.5米的沙石中最多，10平方厘米里有10～20只，离开水池2～3米的地方数量减少。苔藓繁盛的地方也生长着蜱。

蜱的成虫抗冻结性强，就连卵、幼虫抗冻结性也是如此。若慢慢冷却，即使在-80℃它们也不会死亡，直到解冻后会再次开始生活；只有在冷却速度太快时才会死亡，因此，在南极的自然环境里，这些动物只有适应足够的冷却速度才能生存。

南极多脚类

　　地球上共生活着18种企鹅，而且全部在南半球。有生长在热带加拉帕戈斯岛的加拉帕戈斯企鹅，生活在南美沿岸的麦哲伦企鹅，生活在澳大利亚南岸的科皮特企鹅等，在中纬度生活的企鹅也比较多。

　　南极大陆和到南纬55°附近的亚南极生活着8种企鹅，在最寒冷的地方生活着的企鹅是帝企鹅和阿德雷企鹅。罗斯岛克罗迪阿角（南纬77.5°）的帝企鹅和罗伊兹角（南纬77.6°）的阿德雷企鹅是生活在地球最南端的企鹅。

　　南极企鹅的种类虽然不多，但数量相当可观。据鸟类学家长期观察和估算，南极地区现有企鹅近1.2亿只，占世界企鹅总数的87％，占南极海鸟总数的90％。数量最多的是阿德雷企鹅，约5000万只，其次是帽带企鹅，约300万只，数量最少的是帝企鹅，约57万只。

　　最早记载企鹅的是追随葡萄牙著名航海家麦哲伦的历

满山遍野的南极企鹅群

史学家皮加菲塔，他在1520年乘坐麦哲伦船队在巴塔哥尼亚海岸遇到大群企鹅，当时他们称之为不认识的鹅。

　　人们早期描述的企鹅种类多数是生活在南温带的种类。到了18世纪末期，科学家才定出了6种企鹅的名字，而发现真正生活在南极冰原的种类是19世纪和20世纪，例如，1844年才给王企鹅定名。企鹅身体肥胖，它的原名是肥胖的鸟，但是因为它们经常在岸边站立远眺，好像在企望着什么，因此人们便把这种肥胖的鸟叫作企鹅。

　　帽带企鹅也在南极大陆接近高纬度地区生活，在此处，其数量比阿德雷企鹅多。帽带企鹅的背是黑色，腹

帽带企鹅　　　　　　　　　　　　金图企鹅

部是白色，颚上带有一条黑线。从南极大陆周围的岛屿到南极圈生活着王企鹅、金图企鹅等。王企鹅的大小仅次于帝企鹅，身长接近1米，头部呈红黄色；金图企鹅眼与眼之间有三角形的斑。

企鹅拥有鸟类中最适合水中生活的体形。流线型的身体，奋力游泳时好像在水中飞似的。不散失热量的体形，厚厚的皮下脂肪保持着体温，羽毛是完全防水型的。

帝企鹅和王企鹅只产一枚蛋，其他企鹅都产两枚蛋。蛋的保温期，也就是抱蛋期，帝企鹅63天，王企鹅55天，帽带企鹅和阿德雷企鹅是35天。体大的企鹅，蛋也大，抱蛋期也长。从蛋变成雏鸟再到成鸟的比例约30%。

王企鹅抱蛋   王企鹅

 阿德雷企鹅

阿德雷企鹅体长40厘米，体重7千克，其体态和动作十分逗人。阿德雷企鹅是南极企鹅的代表性企鹅。

阿德雷企鹅在南极大陆周围和岛屿的裸露岩上群体式地筑巢，养育子女。这个群体巢叫企鹅巢。在俄罗斯和平站附近的哈斯韦尔岛有数十万只，罗斯岛伯德角有5万～6万只。

在中国中山站附近，每年10月中旬能看到少数阿德雷企鹅到访，这是从北面的海上归来做巢的阿德雷企鹅先锋队，到达巢地的夫妻开始筑巢。阿德雷企鹅在裸露岩上收集小石子，有时会因小石子少而在企鹅之间发生激烈争夺。

阿德雷企鹅巢与巢的间隔狭窄处不到1米，做巢时从邻旁的巢偷来的石块也不少，拙笨的夫妻去找石块期间，原已收集的石块全被偷走也是常有的事。若离巢十几分钟，几十块石块可能都会丢掉，这是自然界为了生存激烈竞争的见证。小石巢可以安置卵蛋，起到不被融化的雪水冲走的作用。

阿德雷企鹅11月中旬产蛋，1～2天产下两枚蛋后雄企鹅开始抱蛋，雌企鹅将以北面100千米外的海作为目的地，寻找食物，在吃得饱饱的后返回，与雄企鹅替换。雄企鹅守护着石巢，一边改变着蛋的方向，一边一声不响地抱蛋，因不便于捕食，在此期间要绝食40～50天。

自12月下旬雏鸟出生，巢地附近的海也开了，阿德雷企鹅取食也变得容易，便终日勤奋地养育着雏鸟。

雏鸟长着灰色的羽毛，在1月下旬到2月蜕换，变得同父母一样，黑色的背，白色的腹。从2月末到3月，阿德雷企鹅又回归北方的冰缘。

南极阿德雷企鹅

帝企鹅

　　帝企鹅，也称皇帝企鹅，是企鹅家族中个体最大的物种，也是南极洲的"原住民"。

　　帝企鹅一般身高在90厘米以上，最高可达到120厘米，体重达50千克，其形态特征是脖子底下有一片橙黄色羽毛，向下逐渐变淡，耳朵后部最深。全身色泽协调。颈部为淡黄色，耳朵的羽毛鲜黄橘色，腹部乳白色，背部及鳍状肢则是黑色，鸟喙的下方是鲜橘色。

　　帝企鹅是群居性动物，也是唯一一种在南极洲的冬季进行繁殖的企鹅。在中国中山站会经常看到威武雄壮的帝企鹅列队前行。每当恶劣的气候来临，它们会挤在一起防风御寒。

　　帝企鹅生活在南极大陆周围的海中，在冰架、海冰上筑巢，生儿育女。在南极大陆养育雏鸟的鸟类尽管有很多种类，但一年到头都生活在南极大陆周边冰上的只有帝企鹅。帝企鹅可以说是在地球上最严寒的自然环境中生长的动物。

帝企鹅主要以甲壳类动物为食，偶尔也会捕食小鱼、乌贼等，当它潜入水中后，会用细长的鸟喙捕捉生长在深海里的墨鱼、章鱼、虾等生物。它的潜水能力是其他海鸟无法比拟的，可潜入水底150～500米，据说在水下250米可长达18分钟，其最深潜水记录可达565米。

帝企鹅在每年3月末至4月初在海冰上筑巢的地方集合，进入求爱期。企鹅巢虽筑在冰山等能够遮风挡雪的

帝企鹅

地方，但仍是在风吹日晒的海冰上。从寒冬的5月下旬到6月产下1枚蛋，一产完蛋，雌企鹅就在黑暗中到北面的海中觅食。

雄企鹅在约两个月的绝食期间，把蛋放在足背上，足间有抱蛋囊，它们会把蛋抱入不长羽毛、布满红血管的紫色皮肤的地方，一声不响地专心保暖，即使气温下降到-50℃，受到风速达30米/秒的地吹雪多次袭击，仍能让蛋的温度保持在32～38℃。从产蛋到抱蛋的三四个月间，雄企鹅仅用皮下厚厚的脂肪维持生命，在这期间，体重会减少30%～35%。

8月中旬蛋孵化，雌企鹅也回来了。雏鸟倚在父母的足上生活着，从孵化到羽毛丰满的幼鸟需要6个月的时间，这期间，企鹅父母继续供给食物。到了夏季，雏鸟就独自来往，北上海洋，并在那里生活到翌年的3月。

中山站东北25千米左右的企鹅巢有近万只帝企鹅。11月份，开水域变近，经常能见到帝企鹅行列。

企鹅粪土层中的生态史

在中国第15次南极科学考察中，中国科技大学极地环境研究小组首次用企鹅粪土层作为载体去探寻人类活动在多大程度上影响了企鹅有机体中的物质组成，同时从企鹅粪土层的元素变化中去寻找企鹅生态变化的历史记录。

研究小组在中国长城站区阿德雷岛企鹅特别保护区的湖泊中采集了一段67.5厘米长的泥芯，对每1厘米样品进行27种元素的定量分析；又进行精确碳14定年，确定这是一段大约"3000岁"的泥芯。元素浓度随深度变化，与深度的结果显示：锶、氟、硫、磷等9种元素的浓度变化与深度显著相关，随深度同步变化；这9种元素浓度比在非企鹅聚集区沉积物中高得多，磷的含量局部高达15％。

磷的富集等表明这是一个含企鹅粪的元素组合，

它们是企鹅粪的标志性元素。根据标型元素的浓度可以确定含粪量的相对变化，进而推定企鹅种群数量的相对变化。相关学者应用这个创新的研究方法得到了企鹅种群数量的波动及其对气候变化的响应过程：在过去大约

依山傍海居住的企鹅种群

3000年中，在人类未曾干预的情况下，企鹅种群数量发生过 4 次显著波动，其中距今1400～1800年，气候相对温暖，这一时期企鹅数量达到极大值；距今1800～2300年的小冰期时期，企鹅数量锐减。这表明气候变化是影响企鹅盛衰的主要因素。《过去3000年企鹅数量变化记录》的论文发表在英国《自然》杂志上，被认为是研究南极湖泊集水区企鹅生态变化的新颖的生物地球化学方法，打开了认识企鹅等海洋生物生态史的大门。

由此开始，研究小组用这个方法发现了末次冰期以来南极企鹅、海豹和磷虾的变化过程及其对气候变化的响应，从海豹毛和企鹅粪土中认识了人类文明对海洋生物的影响和文明的历史进程，并在东南极发现了距今14 600年的最古老的企鹅聚居地等。

 海豹和海狗

　　海豹、海狮、海狗等属于鳍脚类动物,有适合于水中活动的流线形身体,腿部变成鳍状,与狗、猫、熊类同是肉食性动物,但它们和其他食肉目最大的不同点是,大部分时间都在水中生活,只有休息及进行交配时才回到陆地上。有些种类甚至连交配都是在水中进行,但是在快要生产时,雌性鳍脚类动物仍要回到陆地上来生产。

　　鳍脚类的祖先,原是在数千万年前生活在陆地上的哺乳动物。鳍脚类动物可分为三科:一类是外耳壳完全退化的海豹科;一类是耳壳很小的海狮科;还有一类则是海象科。

　　人类最初对南极的关注,其中很重要的原因是那里存在着资源。从18世纪末开始,捕猎船就活跃在那里,以象海豹和海狗作为捕猎对象。由于滥捕已使象海豹和海狗临近灭绝，因此，1959年签订了《南极条约》之后，南极条约协商国签订的第一个公约是1964年的《南极海豹保护公约》，使南极海豹得到了有效保护。

在南极大陆的海区生长着7种海豹和海狗，其中南美海狗主要居住在亚南极圈，最南到马尔维纳斯（福克兰）群岛，估计总数约12万只。海狗生长在南纬50°—65°的岛上，也分布在从印度洋到大西洋南部，但不洄游。雄性体长1.5～1.8米，雌性体长1.4米。从18世纪末到1823年，在乔治王岛捕获的海豹估计超出120万只，得到了保护后，海豹的总数存有3万～4万只。

象海豹和海狗同样在亚南极岛上繁殖。雄性体长5米，雌性2.7米，有体长6米的雄性记录在案。象海豹是

南极象海豹

海豹中个体最大的物种，总数约有60万只。

　　豹海豹夏季在南极海浮冰带的前沿附近生活，冬季时洄游到岛屿，分布范围广泛。雄性体长3米，体重300千克，雌性比雄性大，体长3.7米。豹海豹吃其他海豹的幼仔、鲸鱼和企鹅，也吃鱼和乌鱼，是凶猛的肉食动物。天敌是虎鲸，虎鲸袭击所有的海豹。估计现有豹海豹的数量有20万～30万只。

　　罗斯海豹总数约有2万只，是南极海豹中最少的一种。雄性体长3米，雌性2.5米。食蟹海豹广泛分布在大陆周围及至浮冰区，和它的名字不同，食蟹海豹以捕食磷虾为生。体长2.6米，体重250千克，估计有200万～500万只。

豹海豹

威德尔海豹

　　威德尔海豹是生长在地球最南部的哺乳动物。虽一年到头生活在大陆周围的海冰上，但当温度到达-50℃以下的冬季时便回到温度0℃的海水中。在潮汐作用下，固定冰和从陆上流出的冰之间产生破裂而形成潮汐裂缝，海豹利用潮汐裂缝、冰山和固定冰间产生的裂缝，保护了它的呼吸孔和出入海中的洞口。

　　成年威德尔海豹体长3米，体重450千克，雄性比雌性大，身体背部是均一的黑茶色，从茶色的侧面和腹部分布着白包和黑包条纹状斑点。其以食鱼为主，也吃墨鱼、磷虾。威德尔海豹潜水能力强，可潜到180米以下，在水中可持续70分钟。

　　中国长城站周围生活着数百只威德尔海豹。9月下旬，威德尔海豹开始产仔，小海豹体长120～140厘米，体重25千克左右。背部黑色的纵条纹被灰色的柔毛遮盖着，尾和鳍部肥胖。

　　大约一周后，小海豹身体会胖得圆圆的，体形近似大海豹，两周后毛脱掉，身体的颜色与父母相近。小海豹成长速度惊人，这是由于海豹奶中含有70％的脂肪和蛋白质，营养极其丰富。雌海豹教小海豹游泳，当小海豹体重长到90千克，中断喂奶。

　　威德尔海豹相对较温驯，夏季，海上安全，即使人们接近也几乎没有警戒，只有当雌海豹保护幼崽时，才会表现出攻击的姿态，过了哺乳期以后，触及它的身体不到一定程度时，它仍然会无视人们的存在。威德尔海豹会在水中相互发音传递求爱、警戒等信号。

　　在南极估计有30万～50万只威德尔海豹，但具体数量和生态环境等问题还不是很清楚。

威德尔海豹

南极大陆的海鸟

南极大陆和周围岛屿上只生长海鸟，因没有果实和昆虫，鸟无法在陆上栖息。

南半球海域面积辽阔，在海里有丰富的磷虾食物，吸引着很多海鸟，分布在世界各地的信天翁有很多都来到这里。

在南极大陆及其周围筑巢、繁殖的海鸟不超过10种。帝企鹅、阿德雷企鹅、雪鸟、贼鸥和管鼻鹱只在南极圈生活。信天翁的4种同类，也将亚南极圈作为进出热带海区的生活基地。

贼鸥和管鼻鹱被称为"捕食者"，它袭击其他海鸟的蛋和雏鸟，有时也袭击成鸟等，在大陆沿岸的裸露岩上产蛋，养育后代。贼鸥，是比企鹅更易接近考察队员的鸟，无论在哪个考察站区的垃圾场，总能看到几只或十几只贼鸥在寻找鱼和肉的残渣。它们的嘴特别坚利，就连木头箱子都可以啄穿。

南极贼鸥

　　阿德雷企鹅巢穴周围经常可见到飞翔着的贼鸥，在12月雌雄企鹅交替孵蛋，下旬雏鸟出生间，贼鸥一看到企鹅不在企鹅巢，便马上飞来把蛋叼走。在企鹅巢附近的山丘上，贼鸥吃的蛋壳散落满地。企鹅的雏鸟也常是贼鸥攻击的目标，所以企鹅对上空盘旋的贼鸥非常敏感，贼鸥一接近便一起把嘴朝向空中，用呱呱的叫声等方法来进行防御。

　　像鸽子一样大小的雪鸽，有着雪白的羽毛，它们在岩洞或岩缝那样的地方产蛋，养育雏鸟，这是为了躲避天敌贼鸥。考察队员常常在大片裸露岩地方，循着像小鸡一样的叫声找到雪鸽的巢穴。因适合雪鸽的产蛋场所有限，所以雪鸽也是集中筑巢。雪鸽雏鸟成长很快，到冬季就可自立，独自取食。

磷虾

　　世界上的磷虾分为2科11属85种。近些年，由于磷虾可替代鲸成为新的水产资源而开始引人注目。在南极海生活着8种磷虾，整个磷虾中个体较大的体长5～6厘米，体重6克。以南纬60°以南的冰缘区为中心生长着密集的磷虾群，这个密集群分布不一样，航行的船只有时一次可看到数批密集群，有时航行数日也发现不了一个密集群。南极磷虾的幼仔分布在数百米到1000米深处，所需的食物硅藻类大多生长在比100米还浅的地方，所以南极磷虾白天在比较深的地方，夜间浮到近表层摄食。

　　生长在南极的磷虾有多少，目前还没有调查清楚。通过评估鲸等的捕食量、浮游植物的生产量以及目视和使用鱼探仪调查，推测出南极海磷虾储量达10亿～30亿吨。以磷虾作为食物的动物有鲸、海豹、海鸟、鱼类等，它们的捕食量估计一年为3亿吨。在须鲸多的年代，仅须鲸就捕食磷虾2.4亿吨，现在捕食量还不到5000万吨。

磷虾的商业捕捞开始于20世纪60年代，此后，随着捕捞技术的不断成熟，捕捞量不断上升。近些年，俄罗斯和日本等十几个国家每年捕捞磷虾20万~30万吨，南极生物资源养护委员会对管辖的48区设定了年捕捞量为62万吨的预警性捕捞限额（即"触发水平"），一旦达到这一限额，应立即停止捕捞活动。

磷虾的营养价值很高，若蛋的蛋白质为100，则磷虾是87，鱼和牛肉为80。

南极磷虾

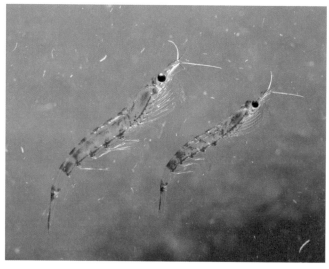

南极海洋食物链

地球上，小到病菌、细菌等微观生物，大到须鲸等大型哺乳动物，所有生物生长都要依靠太阳能，但只有植物能把太阳能储存，动物生长所必要的能量均是从植物中取得的。动物嚼食植物摄取能量，这就是自然界的食物链关系。

第一个储存太阳能的是硅藻等浮游植物，它依靠海洋中丰富的营养盐和强太阳辐射能进行繁殖，通过光合作用把太阳能储存在藻类中，这是依靠太阳能进行的第一次生产。

夏季日照达24小时的南极海，可以说是世界上最富有生产力的海洋。在这里生长着浮游植物，而草食性浮游动物又捕食浮游植物。草食性浮游动物中包括磷虾，这个阶段是被储存太阳能的第一次消费。接着，肉食性的浮游动物捕食草食性浮游动物，是第二次消费者。鲸、食蟹海豹、企鹅、鱼类食取第二次消费者磷虾，这就到了第三次消费者的阶段，肉食动物互相残杀也开始了。南极海食物链的终端是豹海豹、虎鲸。

太阳能就是这样一个链一个链地往下传递。生物死去，尸体沉入海底，被那里的细菌分解。残体的养分，也就是太阳能被储存在细菌中。细菌回到海面再进行光合作用。人类食取鲸和鱼是第四次消费者，这就意味着，人类和豹海豹是同处一个链级，但近年来，人类也成为吃磷虾的第三次消费者，有时也成为第二次消费者。

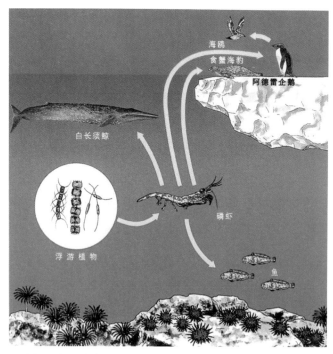

以磷虾为中心的南极生态系统

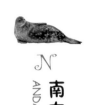

南大洋

　　南大洋（Southern Ocean），又称南极海或南冰洋，是围绕南极洲的海洋，由太平洋、大西洋和印度洋南部的海域，连同南极大陆周围的威德尔海、罗斯海、阿蒙森海、别林斯高晋海等组成。

　　大约在3000万年前，当南极洲和南美洲最后分离时，环绕南极洲的洋流才开始出现，因此南大洋是地球上一个非常年轻的大洋，也长期不被承认为独立的大洋。水文和地理学家认为，南大洋在气候方面具有均一性，以及可贯通三大洋的深层和底层以保持含氧的低温环境。国际水文地理组织于2000年确定其为一个独立的大洋，包括南纬60°以南所有海域，面积约2100万平方千米，命名为南冰洋，同太平洋、大西洋、印度洋和北冰洋一起组成地球的五大洋，由于面积超过北冰洋，故排五大洋中的第四位。南冰洋有一半面积位于南极圈

内，终年气候严寒，冬季绝大部分海域被海冰覆盖，太平洋方向南纬65°以南，大西洋方向南纬55°以南的海洋都被冰封，水面以下的温度都会达到0℃以下，但在南美洲沿岸有些地方，由于来自陆地的暖风，可以保持海岸不封冻。

南大洋面积到底有多少？根据不同北边边界划界标准而有所不同。海洋学家们则考虑南大洋水体应以物理特性及其中供养的同一动物区系来划为一个独立的海域，并以"副热带辐合线"为其北界。副热带辐合线是一条海水等温线密集带，几乎连续不断地环绕南极大陆，表层水温12～15℃，呈现明显的不连续性，平均地理位置随季节不同而变化于南纬38°—42°，南大洋也曾被认为是从南纬40°—60°的海域，面积约为3800万平方千米，占世界大洋总面积的15%左右。

南大洋的海水温度为-2～10℃，洋流围绕南极洲从西向东流，由于极地冰盖和海水之间的温差造成洋流的动力很大，约为2000千米长，是世界上最长的洋流，流量约1.8亿米^3/秒，等于全世界所有河流流量总和的100倍。

南大洋盛行西风，在高纬区和低纬区之间形成"风壁"，阻挡低纬区暖空气进入南极高原，使南极反气旋保持恒定，是地球上最强烈的风带。南纬40°—60°被航海家称为"咆哮西风带"，平均风速达33～44千米/时。冰原上空极其冷密的空气会顺坡而下，这种下降风风速很大，刮来大量松散雪，和沿岸区形成的流冰群一起，大量吸收海洋热量。年降水量随纬度增高而减少，在南纬40°—55°约为1000毫米，南纬70°—90°则在200毫米以下。夏季在南纬65°以南，冬季在南纬60°以南，只有冰晶或雪的固态降水。

南大洋的生物资源丰富，特别是磷虾，储量高于10亿吨，各类鲸鱼都是以磷虾为饵料。但南大洋的海洋食物链简单，由硅藻—磷虾—鲸类或其他肉食性动物构成。生物的种类也少，以耐严寒、脊椎动物个体大、发育慢等为特征。生态系统脆弱，易受外界扰动损害。这里浮游植物的主体是硅藻，现已发现近百种，分布具有明显的区域性和季节性，平均初级生产力约是其他海洋总量的6倍。

南大洋生态环境和生物

南大洋是地球留给人类最后的生态环境屏障，是地球上最独特而脆弱的食物链条，无论链条的哪一个环节断裂都将造成南极的生态灾难。

到现在为止，全世界的鱼类据报道有3万种以上，但广大的南大洋只发现了200种，这些鱼类差不多都是南极海洋中固有的种类，它们也是维持南极生态平衡的高端生物群落。有些动物还在极端环境下形成特有的生存能力。

载着巨大脂肪的鱼——鳕鱼

鳕鱼不仅对温度有着惊人的适应能力，也是南极鱼中的高级种类，30岁以上的个体全长近2米。这个种类在中层捕食墨鱼类和其他鱼类，其本来是底栖性的南极鱼类中的一员，却没有鱼鳔。之所以能浮在中层，是因为皮下和肌肉中贮存着大量脂肪，身体比重小得到浮力，因此能够不浪费多余的能量浮在中层。

不冻的鱼

这种鱼让人吃惊的是，能很好地适宜0℃以下南极海严酷的环境，即使海水温度接近-2℃，身体也不结冻，其体液中具有一种特殊的不冻物质——不冻糖缩氨酸。因此，即便潜入海冰间隙，它的身体也冻结不上，能够在环境严酷的沿岸地区生栖。

体内有不冻糖肽，白血的鱼——冰鱼

冰鱼是世界上罕见的没有血红蛋白的白色血鱼。普通鱼具有鲜红色的鳃，而它的鳃也是白色的。这种不具有搬运氧气作用的红蛋白的鱼也能生存的秘密在于，它具有大心脏和大量的血液，可以在南极海低温环境吸取足够的氧气。至于为什么它能进化到失去宝贵的血红蛋白的程度，目前尚不清楚。

捕食能手——鲸

鲸和海豚都是包含在鲸目的海洋哺乳类。现生的鲸目有有齿的齿鲸亚目和没有齿的须鲸亚目。它们以鱼类、墨鱼、章鱼、磷虾等作为食饵。齿鲸是把生物食饵个别捕捉食用；须鲸则是把成群的生物食饵连同海水一起捕捉，鲸须替代齿的上颚，起过滤器的作用，可把食

饵滤取食用。齿鲸体长4～5米，比它小的一般叫海豚，用肺呼吸，呼吸时要浮上海面。特别大型的种类呼气成雾状，称之为喷气或喷水。夏季的南极海中磷虾等浮游生物繁殖，捕食它的动物也给南极海增添了生气。主要食用磷虾的大型须鲸包含地球上最大的白长须鲸——极大须鲸，它们把微小的浮游生物作为主要食饵让人感到不可思议，其一次能捕捉含海水达数十吨的食饵。须鲸类多数各自在南北半球进行大范围洄游，在其半球冬季的低纬度海域进行交尾、产子，据说在此期间，它们几乎不摄食。夏季专门在高纬度水域捕食。

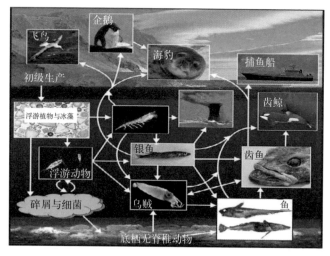

南大洋生态系统和生物链

南极光

　　出现在南半球的极光称为南极光。在漆黑的夜空中，一道道红色、绿色和黄色光带，摇曳飘舞，美丽多姿，简直无与伦比，其美妙难以形容。

　　人们知道极光至少已有2000年，它一直是许多神话的主题。极光的名字来自古罗马神话中的黎明女神，她驱散夜晚的黑暗，把光明抛向人们。它的形态和色彩随着时间、地点和太阳活动等多种要素而变化多端，有时从暗弱、宁静的极光到色彩鲜明、激烈运动的极光，在严寒的大地上空展现出一幅百花灿烂、竞相斗妍的画面；有时漫不经心地变化着，突然又变弱而隐去，这是极光演奏的夜空交响乐，虽没有声音伴随，也没有气味，但它的宏大、庄严、华丽是其他任何自然现象都无法比拟的。

　　南极光是由太阳带电的粒子碰撞地球两极的磁场，

在天空中发生放电时所产生的现象。太阳是一个庞大而炽热的气体球，在它的内部和表面进行着各种化学元素的核反应，产生了强大的带电微粒流，并通过太阳喷发出来。当这种带电微粒流射入地球外层空间稀薄的大气层时，被地球磁场吸引到两极，与稀薄气体的分子猛烈撞击而产生发光，这就是极光。

南极光

极光像是挂在极地夜空的窗帘，一般高度为90~110千米，有时高达200千米以上，水平方向长从数百千米到1000千米，宽达100~500米。

白天也有极光发生，只是肉眼看不到而已，但伴随的电磁现象仍在发生，这样的极光叫无线电极光。

极光成因与地球大气层

地球上的大气密度，从地面到大约120千米的高度，大体按一定比例减少，这个区域叫大气层，在这个区域中，大气是不安定的，但超过这个高度，温度上升速度变快，大气的组成和性质也发生了很大变化。

大气层中从地面到10~12千米的区域称为对流层，每升高1千米，温度下降6.5℃。降雪、暴风雪等全部是在对流层发生的现象。从对流层顶以上到50千米左右的一层称为平流层，在平流层吸收从太阳发射的紫外线，大气温度随高度的增加而上升。平流层顶以上到80千米高度是温度再次下降的区域，叫中层。

高度70~400千米的离子和电子被电离的区域称为电离层。电离层中的电子密度和它的分布高度根据季节、太阳高度、地球纬度的不同而变化。电离层被分为：D层（65~80千米），E层（80~150千米），F1层（150~300

千米）和F2层（300千米以上）。

　　太阳爆炸产生黑子数增多的时候，在地球上发生电波障碍，无线电通信中断，这种现象是由于太阳爆炸使得D层附近的电子密度增加，吸收了地面来的电波发生的。极光的发光主要在E层。在E层下部相当于80～120千米的区域分布的离子和中性粒子相互之间反复地激烈撞击，变成不稳定状态，从外部来的带电粒子高速沉降而产生极光。高于120千米以上高空的区域叫磁层。磁层会

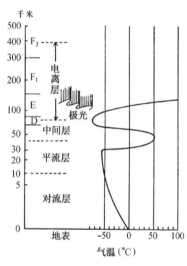

极光发生在电离层

伸缩，日侧约6万千米，夜侧达60万千米。磁层的质子和电子的分布受磁场影响。地球的磁场是北极和南极对称的双极子磁场，但这个对称性延伸到20 000千米高，其外侧由于太阳风的影响而发生变形。

太阳风和磁层

质子和电子等带电粒子不断流出太阳，这样的带电粒子叫等离子体，流叫作等离子体流。等离子体以300～500千米/秒的高速、5个/厘米³粒子的密度形成流，这个流叫太阳风。

地球磁场从南极向北极转移的磁力线理论上应该是

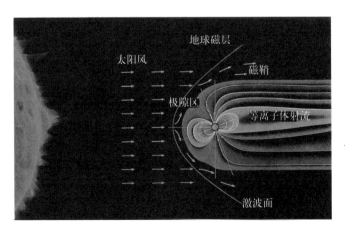

太阳风和地球磁场

对称的偶极子。但磁层磁力线由于受太阳风的影响会发生很大的变形。太阳风与磁层的界面被压缩到太阳风动压力与磁层的磁场压力相等的位置，这个界面处在太阳风压力和磁层压力的平衡状态，若太阳风动压变强则磁层被压缩，但其平均位置在地球10个半径处，约6万千米的地方。吹向磁层的太阳风流向地球的背阳面，磁层夜侧的这部分叫磁尾。磁尾的长度约上百个地球半径，延伸到100万千米以上。

磁尾道面上存在一个5万千米厚、十多个地球半径长的高温等离子体区，叫等离子体片。太阳风的动能储存在以等离子片为中心的磁层尾部。

磁尾储存的能量可因各种原因爆发性地释放出来，电子和质子等高速带电粒子沿着磁力线沉降到电离层产生极光，这样的高速带电粒子叫极光粒子，磁层出现大量极光粒子的现象叫磁暴，磁暴不仅产生极光，也使包围地球的磁场发生很大变化。

关于磁层的构造与磁暴的研究，随着国际合作的推进以及极区地面和火箭，甚至人造卫星等观测的开展，正不断取得新的进展。

极光出现的地区

极光，从字义上便知道是发生在极区的自然现象。那么在北极和南极必定能看到美丽的极光吗？其实除了在发生大规模磁暴的时候，极光现象通常出现在一个叫极光椭圆带的特别区域中。

以磁极为中心，日侧在地磁纬度77°—78°以下、夜侧在68°—70°以下的椭圆形带是极光出现频率最高的区域。地球在这个极光椭圆带的下面每天转一次，这个极光椭圆带随着磁暴的大小而变化。大磁暴时，极光椭圆带扩展到更低纬度。中国中山站地磁纬度是74.9°，是观测日侧极光的理想地方。南极点虽然具有更高的地理纬度，但其地磁纬度与中山站相仿，看到的极光与中山站相似，多为日侧极光。俄罗斯东方站位于南磁轴极附近，反而看不到强极光。

极光出现的地区为什么成椭圆形？极光粒子沿着

磁力线沉降到地球高空大气，其沉降点日侧离磁轴极约15°，即地磁纬度75°左右，夜侧离磁极25°，即地磁纬度65°附近。这是由于日侧磁层受太阳风压缩，磁力线向磁极方向偏移，夜侧磁力线受太阳风牵引向低纬度方向偏移。磁层的结构是极光粒子流入特定区域的发生机制。

　　在南极极光出现时，在磁力线另一端的北极也出现同样的极光，具有相同地磁经纬度的南北半球的两个点叫地磁共轭点，在地磁共轭点上同时进行的极光观测叫共轭观测。

中山站的极光

极光的光和色

极光现象常发生在90～200千米的电离层，主要在E层和F1层。在这附近，大气尽管稀薄，但仍然存在。

磁尾储存的极光粒子，在磁层受什么样的扰动后沿着磁力线高速度沉降到电离层呢？极光粒子与组成大气的分子和原子发生激烈碰撞，因上层大气稀薄，这样的碰撞多发生在电离层的下层。多次碰撞的极光粒子逐渐失去能量，到某一高度后不再沉降，这个高度就是极光的下边缘，通常在90～110千米附近。被碰撞的大气分子、原子、离子从碰撞中得到能量，跃迁到比平常更高的能态。把分子和原子这样的状态叫作激起状态，受激发的分子和原子非常不稳定，将释放多余的能量回到稳定状态。这多余的能量以光能形式释放，形成极光的发光现象。极光的发光原理像我们每天都看到的霓虹灯发光现象一样，即高速带电粒子流注入霓虹灯管与其中的气体发生碰撞而导致发光。

氧原子发出黄绿色和红色的光，氮分子发出粉红色的光，氮离子发出的是蓝紫色的光。电离层存在各种气体，可发出各种各样特有颜色的光，这便构成了极光绚丽的色彩。特定的气体，通过特定的反应可发出特定色彩的光。根据极光的光谱分析，能反演电离层内存在什么样的气体，发生什么样的反应。

极光是各种各样波长的光叠加在一起的结果，将光分成不同波长光的分析方法叫光谱分析法。经常出现的极光是黄绿色的，光谱分析中这个光的波长为5577埃，这是受激发的氧原子发出的光。除了波长5577埃的光外，氧原子也能发出波长为6300埃、6364埃的红光，因此氧原子是产生红色极光的主要原因。

南极舞动的极光

南极和北极能看到相同的极光

极光是高速带电粒子从地球的磁层沿着磁力线投射到南极和北极上空的超高层大气时引起的发光现象，因此在被一根磁力线连接的南北半球的点上观测，一般能同时看到同样形状的极光。不过在共轭点对极光的活动进行大量详细调查后发现，其亮度、形状、出现的地点等未必一致。

共轭点极光的原理

对于在南北两半球看到同样极光的共轭性，目前我们已经知道的有：①地磁活动弱、静、稳定时，共轭性最好；②地磁骚动时，极光暴激烈发生，共轭点

活动复杂，找不出一对一的对应关系；③极光亮度在地球固有磁场弱的地方较强。

引起南北极出现不同形状的极光和出现地区非对称的原因为：①地球内部磁场南北不对称；②太阳风形成的地球磁层南北不对称；③沿着连接磁层和电离层的磁力线流动的电流南北不对称；④位于3000～10 000千米附近的加速区南北不对称。另外，极光本身的非共轭性也是其中的原因之一。为阐明南北极光为什么出现非共轭性和分析极光发生的机制及其联系，进行共轭点观测是一种重要的研究方法。

南极极光

板块构造和南极

板块构造（plate tectonics）学说产生于20世纪60年代后期，它是在大陆漂移学说和海底扩张学说的基础上提出的。根据这一学说，地球表面覆盖着不变形且坚固的板块（岩石圈），这些板块确实在以每年1～10厘米的速度移动。

20世纪60年代是地球物理学领域一个史无前例的突飞猛进的年代。1957—1958年，依靠国际地球物理年等积累的大量地球物理数据，科学家很快将观测得到的数据进行分析，并发表了大量结果。

例如，地震发生率的分布。地震在地球上不是到处都发生，而是发生在称为地震带的带状范围内，根据地震发生率的分布弄清了地震的分布。国际地球物理年以后，在包括南极在内的各大陆和岛屿建立了地震观测所，提高了地震的震源精度，明确了地震带是一条宽度

很窄的带，将其称为地震线。

过去一个新的理论（像爱因斯坦相对论）一般是由1～2人提出，而板块理论是把很多人的想法汇集成一个理论。

板块理论说明地球物理的事件和现象，内容有：①地震和火山分布；②引起地震力的分布；③海沟和孤岛的分布；④造山带、海岭的分布；⑤地磁的条纹模样；⑥海底的地质年代。

南极大陆周围存在环南极地震带，以南极大陆为中心，环南极地震带内侧叫南极板块。板块边界分为"扩张""会聚""交错"三种。但南极板块的边界只有"扩张"和"交错"，没有"会聚"。南极板块的另一个特征是几乎不变动。

人们认为在地球表面有南极、印度洋、非洲、太平洋、南美、欧亚六个板块，但随着研究的深入，一些板块分得更细。但只有南极板块依然未变，其主要原因是没有系统地进行充分调查。

南极和冈瓦纳大陆

　　南极大陆几乎全被冰川覆盖着，裸露岩地区不超过总体的5%。通过对裸露岩地区地质的调查，支持存在冈瓦纳大陆说法的证据越来越多。南半球的各大陆、大岛屿和北半球的印度半岛等成为一体，形成冈瓦纳大陆。

　　最能说明问题的理由是，南极与相距数千千米的那些大陆的地质构造和化石分布等非常相似。同样的年代，在同样的环境条件下堆积同样的地层和在同样条件下受到变质作用的地层等在各大陆广泛分布。

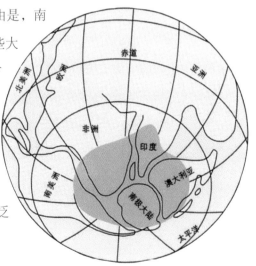

冈瓦纳大陆

在南极发现的动物化石是证明存在冈瓦纳大陆的一个重要事实。1967年之前在南极大陆发现了生活在古生代和中生代的脊椎动物仅有鱼类，但1967年12月发现了迷齿龙的颚骨，其后又发现了多种爬虫类的化石，其中有完整的水龙兽骨骼，这些化石在印度、中国、非洲和澳大利亚都有发现。陆上生活的爬行类的化石在孤立的南极大陆被发现，是这些大陆曾经连在一起的有力证据。冈瓦纳大陆分裂大约是在2亿年前开始的。从古老海底的地质构造考虑，非洲和印度首先从南极离开，然后是南美洲，这时的非洲和南美洲也出现分离，而到1000万年前，澳大利亚与南极洲分离。

在横贯南极山脉中的地层，存在着从1.9亿年前到1.4亿年前期间南极大陆有火山活动的证据。玄武岩的熔岩流和火山喷出物堆积厚度达2000米，估计该火山的大活动期促使冈瓦纳大陆开始一块块地分裂解体。

分裂的冈瓦纳大陆

　　德国气象学家魏格纳于1912年提出大陆漂移学说，成为当时学术界的一大话题。魏格纳注意到，非洲大陆西岸和南美大陆东岸的海岸形状非常相似，认为这两个大陆可能曾是一个大陆。用这样的思考凝视这两个大陆，推断出曾连在一起的地区的地质构造相似，古气候和古生物化石、古冰川的痕迹等也被视为证据。

　　相连的不仅是这两个大陆，学者推断地球上所有的大陆曾形成一个巨大的大陆，这个假说将大陆命名为超级大陆。大陆漂移学说于1937年推断认为，这个假想的超级大陆后来分裂成南半球和北半球两个大陆。欧洲、北美洲、亚洲的各大陆和格陵兰形成原始大陆的北半球，这个大陆叫欧亚大陆。在南半球有南美洲、澳大利亚、非洲、南极大陆和印度，这些陆块连为一体，叫冈瓦纳大陆。

117

大陆漂移学说认为，冈瓦纳大陆大约从2亿年前开始分裂，形成现在的南极、澳大利亚等各大陆。每逢一个新学说的提出，跟随着就出现赞成派和反对派。大陆漂移学说因不能说明巨大的大陆依靠什么力量分裂，并且移动数千千米，故从此便销声匿迹了。

板块构造学说能清楚地解释大陆分裂现象。在地球表面以下厚100千米的上地幔板块下有称为下地幔的层，大陆就存在于大的板块上，这个板块在下地幔上面移动。

板块和板块的边界有板块与板块冲击、板块与板块分离、板块与板块交错三个类型，其中板块与板块冲击会形成海沟和深层地震，板块与板块分离产生海岭，板块与板块交错会出现大的断层等。无论哪种板块边界类型都会发生地震。

冈瓦纳大陆大约分裂于2亿年前

南极板块

在南极大陆周围存在包围大陆的环南极地震带。这个地震带的活动度很小，至今没有发生过震源深度超过100千米的深层地震，这个地震带的内侧称为南极板块。

因地形和地质构造等特征不同，也有人认为南极大陆是由东南极和西南极组成。

南极板块的边界是扩张型的，所以不会引发深地震，也没有海沟。板块的边界即地震带，南极和各大陆间是东西向为主的太平洋—南极海岭、大西洋—南极海岭、印度洋—南极海岭。这些海岭是板块扩张边界，曾把冈瓦纳大陆分裂，向两侧移去。

在东西走向的海岭内侧是向南北方向延伸排列的斯科西亚海岭、麦克奥利—巴勒尼海岭，它们把南极大陆周围的洋底分成三大部分，即大西洋—印度洋—南极海盆、东印度洋—南极海盆、太平洋—南极海盆，各自深

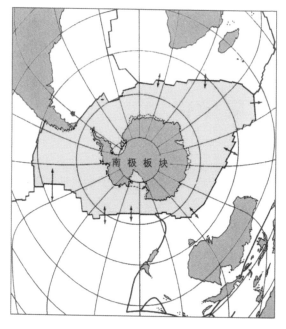

南极板块

5000~6500米。南极板块边界的特征与斯科西亚板块的
边界特征一样，是交错型的。人们认为，至少在过去的
100万年左右，南极大陆没有移动。南极板块的边界差不
多都是扩张的，板块的运动方向为内侧方，于是从边界
向内侧就只有板块动。南极大陆究竟是怎样的呢？这有
待南极板块的构造和运动之谜的进一步揭开。

南极的火山

通过各国火山学者的共同努力，完成了地球上的火山目录。根据这个目录，确认南极有13座活火山。但是，对广阔的南极，人们能够调查的范围还很有限，真正的南极火山数目还不清楚，目前认为最多有20～30座。例如，1982年2月，智利和美国学者用直升机在南极半岛的东侧调查拉森冰架时，发现了由于火山爆发降落的火山灰积存在冰原上，但至今未发现岛上发生过火山爆发。

南极的火山只分布在从南极半岛到罗斯海西岸的西南极。巴克尔岛的克里斯田森山、林登贝尔克岛在19世纪发生过火山爆发。埃里伯斯山和欺骗岛在南极观测开始后仍发生火山喷发，其他火山没有爆发记录。

被厚冰覆盖的南极，如果冰下地热带冒出水蒸气，就会被冻成冰塔，因此有冰塔的山，则有可能是继续进行火山活动的山。墨尔本火山没有喷发的记录，但山顶

南极火山分布

附近并排着超过4米的冰塔。另外，在附近冰川剖面中，发现含有火山灰层。从火山灰层的深度，推测墨尔本火山喷发活动大约发生在200～300年前。

欺骗岛是火山口边缘突出在海面上形成的马蹄形火山岛，内侧是福斯塔湾的卡尔德拉（火山口后）。这里作为天然良港从19世纪开始就是捕猎船的根据地。其后，英国、阿根廷和智利在此建立了观测站，但1967年12月4日火山爆发，基地被迫关闭。1969—1970年又发生了火山喷发，在福斯塔湾出现了一个长930米、宽200米，有3个火山口的岛。湾内有温泉喷涌，整个南极地区只有这里可进行海水浴。

埃里伯斯火山

在雪和冰覆盖下沉睡着的南极世界，首先发现活火山的是英国罗斯指挥的探险队。1841年1月27日，"埃里伯斯"号和"特拉"号船沿着罗斯海向南航行，发现冒烟的陆地。在进一步接近陆地的地方，发现从山顶西侧的斜面流出红色的熔岩。

埃里伯斯火山

　　罗斯活动的埃里伯斯山和在埃里伯斯山东侧的特拉山分别用两艘船的名字命名。后来的调查得知，这块陆地是个面积100平方千米的火山岛，被命名为罗斯岛。罗斯岛周围排列着没有活火山的帝力群岛、布拉克岛、怀特岛等。

　　埃里伯斯山向南延伸的哈德角半岛也排列着火山口，在它的南端有美国的麦克默多和新西兰的斯科特站，建设在古老的喷火口上。

　　埃里伯斯火山（3794米）被发现后，相继发生喷发。1908年3月6—8日，在西侧山麓罗伊兹角越冬的沙克尔顿队的莫森等三人第一次登上山顶，知道了火山口附近的情况。沙克尔顿队和斯科特队从山麓发现了火映现象。火映现象是火山口内红色熔岩充满时，上面一旦有云，通过云的反射看见的红色现象。

　　埃里伯斯山顶的火山口，直径500～600米，深150米。在主火山口北侧有直径60～100米的熔岩湖。现在的熔岩湖是在1972年2月确认的。在熔岩湖，1小时内熔岩涌出1～2次。熔岩湖周围能看到十几个火孔，火孔1天产生数次爆发。埃里伯斯火山在世界上也是少数有研究价值的火山之一。

西南极冰川的热点

地球上的火山分布在板块和板块的边界。冰岛的火山是板块扩张口在大西洋中央海岭顶部露出海面变成的。因此，冰岛的板块扩张向两侧分开，在中间延伸着很大的裂缝。

但是，夏威夷的火山却在太平洋板块的中央位置。产生这样的火山是由于热源岩浆从下地幔上升，突破板块从上面喷出。在海洋地区，若岩浆频繁地从海底火山口喷出，火山岛不断长大，这样的火山岛随着板块移动。因火山岛地幔内的热源通路被切断，岩浆重新把板块突破，开始形成新的火山，夏威夷的火山就是这样形成的。太平洋的板块从东南向西北方向移动。夏威夷群岛是古老的火山岛，只有位于东端的夏威夷岛是现在仍在活动的新火山岛，在西侧排列着的是旧海底火山。夏威夷岛的基拉韦厄火山现在也发生下地幔的热源岩浆上升，引起火山喷发，这样的热源叫热点。

　　南极洲是一片冰雪之地，潜入西南极冰川下面的冰下火山，与其他地热等"热点"正在促成松岛、思韦茨等冰川的融化，形成了一条流入西南极松岛湾的主要冰河。冰下火山地质特征会使附近的冰川融化速度比远离热点地区的冰川要快，这种融化可能会显著影响西南极冰川的流失。英国科学家于2017年发现南极的松岛冰川又崩塌出一座面积达曼哈顿4倍大的冰山，该冰川是南极正在融化的冰川中移动速度最快、流向海洋冰流中最大的一个。

　　松岛冰川流域面积17.5万平方千米，冰层很薄，处于不稳定状态，每年大约流失450亿吨冰，占整个冰冻大陆流失量的1/4。松岛流域约占整个西南极冰盖的10%，如果流入阿蒙森海的松岛、思韦茨等5个冰川融化，全球海平面将上升1～2米，最关键的是，它们的融化将可能诱发西南极冰盖的坍塌，导致全球海平面上升5米。

思韦茨冰川下火山引起的融冰

南极的地震

　　以国际地球物理年（1957—1958年）为契机，20世纪60年代，世界地震观测网迅速建立。在南极大陆沿岸的斯科特站、莫森站、和平站、昭和站和内陆的南极点站、伯德站等都开始了地震观测，其中大于5级的地震在世界任何地方发生都能被记录下来，确定震源要素的地点、时间、震级等也有详细记录，从而得知地震带的宽度很窄。

　　在国际地球物理年之前，人们认为南极地区不发生地震。高精度的地震观测网建立后，在南极大陆的观测点记录到了地震。将这样的记录集中，然后找出震源。1967—1969年，72个地震中有24个地震震源被确定下来，其中有23个震源是在环南极地震带发生的，另外一个的具体情况如下。

　　发震时间：1968年6月26日18时20分52.8秒。位置：

南纬79.56°，西经20.33°。深度：1千米。震级：4.3。据英国人调查，这个地震中心附近有断层，发生地震是不难想象的。这是震源在南极大陆内的第一次地震。

其后，世界地震观测网测出发生在横贯南极山脉端南纬70.5°，东经161.5°的地震，震级4.9。

上述两个地震表示，在南极也发生了4级地震，但很少发生5级以上的地震。早期人们认为南极不会发生大地震是基于地质假说，即南极大陆上

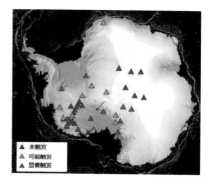

地震触发的南极冰震

覆盖着的巨大冰盖的重量会将它们下方的地壳固定住，从而防止其移动。但近年来的观测研究发现，全球发生的大地震也会引起南极冰盖的冰震。2010年，智利在当地时间2月27日凌晨3时34分（北京时间2010年2月27日14时34分）发生里氏8.8级特大地震，震中位于智利首都圣地亚哥西南320千米的马乌莱附近海域，震源深度约60千米，这个地震就引起了西南极大范围的冰震。

N

南极的大地震

ANJIDEDADIZHEN

南极的大地震

地球上的大地震几乎都发生在板块边界的地震带，特别巨大的地震会发生在板块的会聚带，也有发生在严密的板块内的巨大地震，实际上，这样的地震在南极板块边界地区也有发生。

1998年3月25日，在南极第一次发生震级达到里氏8级的巨大地震。震源在巴勒尼群岛附近，这是南极板块内第一次巨大的地震，是在南极第一次有感地震。

震时：1998年3月25日03时12分24.7秒（国际标准时）。位置：南纬62.876°，东经149.712°。深度：10千米。震级：8.0。

但在巴勒尼群岛附近发生的这次地震，离开板块边界300千米以上，地震发生地点也远离海底断裂带，因此很多地震研究者对此感到吃惊。

之前在南极板块内发生的最大地震是1970年2月28日在欺骗岛附近发生的里氏7级地震，在欺骗岛的英国法拉第站可感觉到，那时欺骗岛的火山活动频繁。但上述地震与火山爆发好像没有直接关系，因此，除了伴随火山爆发的有感地震外，在南极大陆还没有有感地震的先例。

1998年的地震的震源离法国迪蒙·迪维尔站（南纬66°40′，东经140°01′）最近，站上所有队员都感觉到这次地震的发生，物品从架子上落下。在海洋地区发生的地震，人们担心可能会引发海啸，但南大洋岛上的验潮仪却没有记录海啸发生，可能当时南极大陆周围200～400千米是发育的海冰，验潮仪很难记录海啸，从而认为没有海啸发生。

近年来，南极周边群岛海域连续发生了里氏6级以上的地震。据美国地质勘探局地震信息网提供的信息，2012年1月15日在南极洲北部的南设得兰群岛附近海域连续两次发生震级在里氏6级以上的地震。两次地震的震级为里氏6.6级和6.2级，分别发生在格林尼治时间15日13时40分（北京时间21时40分）和14时21分（北京时间22时21分）。两次地震的震中几乎在同一位置，均在南纬60.8°、西经56°附近，震源深度分别为10千米和14.8千米。

2013年11月17日，据美国地质勘探局消息，南极洲附近斯科舍海海域发生里氏7.8级地震。2017年10月9日4时48分在南极洲巴勒尼群岛地区附近（南纬61.69°、东经154.51°）发生里氏6.3级左右的地震。

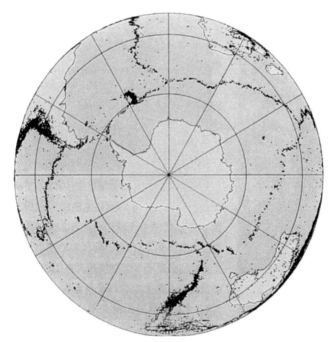

南极周边地震分布

 # 地质时代的年龄

地球的年龄大约是45亿年。地球在太阳系中从显露出它的姿态到形成现在这样的样貌大约花了5亿年时间。从地球创世到40亿年前的这个时代是地球的冥古宙，因没有岩石保留，也叫前地质时代。

地球从40亿年以后产生了岩石，进入了地质时代。地球上最古老的岩石是从40亿年前到30亿年前形成的。从40亿年前到20亿年前约20亿年是地球上最古老的地质时代，叫太古宙。这个时代火山活动频繁，喷出岩大量堆积，因高压高温变质，形成变质岩。

从20亿年前到6.4亿年前的时代叫元古宙。这个时代的一个明显特征是在太古宙生成的变质岩再一次受到变质作用。太古宙和元古宙集中起来约35亿年，称为前寒武纪。

前寒武纪之后是古生代，到这个时代，地质中有化石留存下来。近些年，科学家们使用放射性同位素来确定岩石的绝对年代，在这种方法被应用前，通常使用地层中含有的化石来确定岩石的时代。因把含化石最古老的时代作为古生代的寒武纪，比这个时代古老的岩石时代，统称前寒武纪。以后又进一步查明前寒武纪也有元古宙微生物的化石。

从6400万年前到现在叫新生代，而最近的200万年为第四纪。地质时代中越新的时代，信息越丰富，分的也越细微，区分也越精。

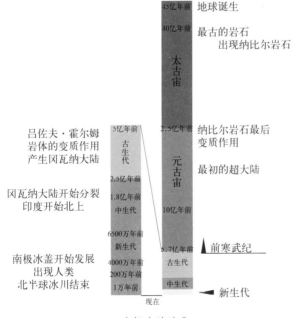

南极大陆演化

 南极大陆的地质

南极大陆面积约1400万平方千米，95%以上终年被冰雪覆盖着，其中基岩出露面积仅占2%，主要分布在横贯南极山脉、南极半岛和大陆周边。南极大陆由东南极地盾、横贯南极山脉造山带和西南极造山带三个构造单元组成。东南极地盾主要出露太古宙和元古宙的结晶岩系，东部查尔斯王子山发育有限的显生宙地层。横贯南极山脉造山带早古生代罗斯运动后生成，泥盆纪到侏罗纪盖层近水平地不整合在不同时代褶皱基底之上，其中从石炭纪到二叠纪初为冰成沉积，多为陆相。西南极造山带是南美安第斯带的向南延伸。

从大的方面看，东南极是以前寒武纪的地盾为中心，向西南极方向分别为古生代、中生代、新生代的地质构造，成带状排列。新生代的岩石是新喷出的火山岩，分布在玛丽·伯德地地区。

横贯南极山脉一带叫罗斯造山带，是从元古宙结束到古生代初受强烈地壳变动形成的。从元古宙结束到寒武纪，东南极地盾边缘的海底堆积着厚达数千米的泥和熔岩流。寒武纪开始生长贝类等，作为化石残留在堆积物中。

在奥陶纪，厚的堆积层发生很大变化，开始隆起，地层受横向挤压向褶曲大山脉发展，这些堆积岩多是在高温和高压下逐渐形成的。山脉形成，侵蚀开始，被刮

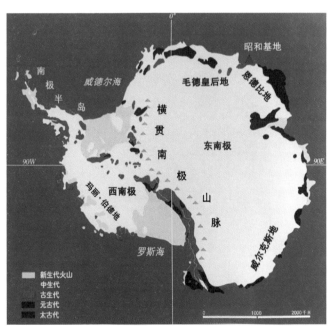

南极大陆的地质图

削的沙土在山麓再次被堆积。这种被侵蚀的残留地层在横贯南极山脉一带到处可见。

泥盆纪，这个地层的表面由于当时的河川被堆积物覆盖，所以1.8亿年堆积物厚的地方可达2500米，总称为比肯超群。

埃尔斯沃思地，从古生代末到中生代初，受到强烈变动形成与罗斯造山带直交。古生代的演化和罗斯造山带相似，中生代的地层与南极半岛相似。东西南极之间有岩石露出。

南极半岛是南美洲安第斯山脉的延续，在中生代末变化形成。因一部分地区发现了前寒武纪的岩石，随着研究的深入，也许今后又有新的发现。在南美安第斯带的外侧，推断是新生代喷出的火山链。

南极化石

　　埋藏在地下的化石，提供了地球上曾有繁盛植物时代的重要信息。南极大陆被冰覆盖的面积多，而化石大多是在中生代以后出现，此时冰开始覆盖南极大陆。与其他大陆相比，南极大陆的化石种类和数量少，但根据化石提供的信息，能了解到没有被冰覆盖时代的情景。

　　在横贯南极山脉和埃尔沃思地的寒武纪地层中发现了古杯类化石。此时作为冈瓦纳中心的南极只有东南极大陆，西南极则是海。古杯类是现在海绵的伙伴，根据化石生物的生活特征，推断当时的南极海可能是热带海洋。

　　进入泥盆纪，能看到生长在海里的贝类化石、原始陆生植物的化石。

　　进入古炭纪，地球进入了寒冷期。在横贯南极山脉、彭萨科拉山脉和埃尔沃思地有漂砾岩。根据漂砾岩层间形成夹着沙和土的堆积物层可知，寒冷期中也有温暖期。这个时代的冰川反复多次进退。

从石炭纪到二叠纪，舌羊齿属的植物群广为繁茂，是产生现在煤的时代。进入三叠纪，增加了苏铁、羊齿植物化石，两栖类、爬虫类旺盛，这可以说是南极大陆最繁盛的时代。

侏罗纪以后的化石主要产在南极半岛，主要有苏铁和松柏的植物化石，也有淡水卷贝和鱼的化石。这个时代，南极半岛的气候比现在要暖得多。

6万年以前，白垩纪的地层中多数是在浅海生活的动物化石，代表物是菊石，也有两枚贝和卷贝等。根据新生代的化石可获得南极变寒冷的证据，沿海的堆积物中也有企鹅和巨大的鲸鱼化石。

舌羊齿属化石

水龙兽

1967年新西兰地质学者彼得巴勒德调查贝亚多莫亚冰川，在冰川的堆石中发现了类似黑色的石头，这是在南极最早被发现的四肢动物化石。

根据其后调查发现，这个化石是两栖类迷齿龙的颚骨。迷齿龙是和鳄鱼很相似的四肢动物，从发现到第二年，美国向南极大陆内地派遣了4名化石专家，他们在横贯南极山脉中的中生代堆积（称为弗雷莫层）的地层中，成功地采集了大量的化石。被采集的有多种爬虫类化石，其中也发现了爬虫类水龙兽的完整骨骼，并做出了它的复原模型。

水龙兽体长80厘米，小狗大小，头大，是水边群居的草食性动物，上颚有两个小的牙齿。

2.25亿年前，在南极没有繁衍的舌羊齿属等作为煤留卜了植物相，但向着人的木贼、苏铁等生长繁荣的景

象变化。在那里生长着水龙兽，这时的两栖类、爬虫类身体都不大。此时的南极不仅有草食性动物，而且有肉食性动物。

在南极发现的三叠纪的动物化石和植物化石，在印度、非洲、南美、澳大利亚等地也有发现，这些化石被认为是证明这些大陆曾是冈瓦纳大陆一部分的重要证据。

在南极发现了水龙兽之后，又发现了恐龙化石，恐龙时代一过，南极变得寒冷，到处覆盖着冰，导致陆上动物无法再继续生活下去。

水龙兽模型

地壳均衡是描述地壳状态和运动的一种地质学的基本理论。它阐明地壳的各个地块趋向于静力平衡的原理，即在大地水准面以下某一深度处常有相等的压力，大地水准面之上山脉（或海洋）的质量过剩（或不足），由大地水准面之下的质量不足（或过剩）来补偿。

当覆盖大陆的冰川消失，去掉冰川的重压后，陆地会通过上升来维持平衡。这种陆地隆起现象最有名的是斯堪的纳维亚半岛。约1万年前，以斯堪的纳维亚半岛为首的北欧和北美的北部，覆盖着至少有1000米以上的冰厚，这

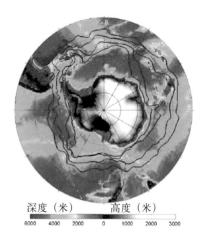

深度（米）　　　　高度（米）

6000　4000　2000　　0　　1000　2000　3000

南极地形高度和环海深度

些冰消失后地壳开始隆起，中心区陆地上升300米，这样的现象叫地壳均衡，正如把船上积存的货物卸到陆地后船会浮起一样，地球均衡也同样如此。

南极大陆周围曾经被冰川覆盖着，现在到处都能看到冰川后退的地区。在这样的地区，由于地壳均衡必定留下隆起的证据。

如果将地球比作蛋，那么蛋壳相当于地壳（陆壳），蛋清相当于地幔，蛋黄叫作核。核的半径为3500千米，核可分成以中心为圆点，半径为1400千米的内核和其余部分为外核的两部分。内核是固体，外核是流体。地幔和地壳都是固体。陆地和海洋地壳性质不同，海洋的地壳（洋壳）薄5～20千米，形成玄武岩质层，陆地地壳在其层上，陆壳有花岗岩质的层，厚20～50千米，而且认为地壳均衡会使地壳浮在地幔上。

但近年来，关于板块理论有另外的诠释。作为搭乘着大陆的板块，把陆壳和上部地幔合在一起的部分称为岩石圈，厚100～120千米。把完成运输岩石圈任务的软层叫软流圈，厚度是100～200千米。如果考虑岩石圈浮在软流圈或者浮在软流层下的地幔上，便能很好地理解地壳均衡了。

南极的冰川时代

地球上有多次冰川时代旋回，最新的冰川时代叫威斯康星冰期，是从7.5万年前到1.1万年前袭击北半球的冰川时代。威斯康星是美国东北部州的名字，因这附近的地形多数地方是冰川时代的证据而得名。这个冰川时代被北美北部罗兰冰盖、欧洲北部斯堪的纳维亚冰盖覆盖，它的景观和现在的南极冰盖一样。

对威斯康星冰期的研究是根据北半球留下的证据进行的，和隔着赤道的南半球，特别是和南极的冰期并不对应。在北半球的威斯康星时代，南极也是寒冷的，是全球范围的冰川时代，这是对南极的冰盖和沉积物进行打钻，根据埋在地下的信息获取的。

北半球的冰川时代消失，南极大陆还继续着冰川时代。但是，南极大陆不仅有冰川覆盖的时代，也有产生煤的繁茂森林，有恐龙的祖先和恐龙的生长时代。

南极的冰川时代
ANJIDEBINGCHUANSHIDAI

比生物生长时代还古老的时代，在地质学划分为古生代（2.3亿～5.6亿年前），那时的南极好像也是被冰川覆盖的时代。这个证据来自漂砾岩石。漂砾岩是由于冰川作用刮削在其上留下擦痕的石头。这种岩石在南极大陆以外的大陆也有发现，成为存在冰川时代的证据。在横贯南极山脉的古生代地层含有漂砾岩石。

南极大陆和其他大陆一样，无冰川时代和冰川时代多次反复交替。现在的冰盖从什么时候存在的呢？这点还没有清楚的结论。通过不同的方法研究南极冰盖形成的年代后，认为至少在0.2亿～0.3亿年前存在着与现在相似的状态。

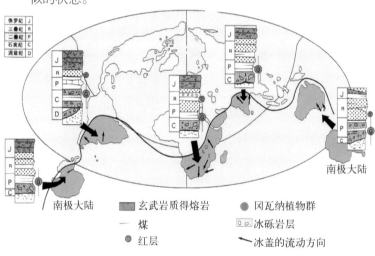

南极大陆冰川痕迹分布

世界含盐最高的湖

阿拉伯的死海湖面比海平面低359米，但在南极有很多水面低于海平面的湖。世界上含盐量最高的湖泊并不是死海（死海排世界第三），而是唐胡安池。

唐胡安池，位于南极洲，于1961年首次被人类发现。这里湖水中的盐度高达40，由于盐度较高，降低了水的凝固点，所以在极寒之地的南极，这里的湖水也很少结冰。

美国布朗大学地质学家认为，唐

唐胡安池

胡安池水很可能来自周围的空气。科学家分析池塘周边数以千计的照片，发现地表中的盐分通过所谓的潮解过程吸收空气中的水分。这些饱含水分的盐顺着山坡向池塘渗透，往往还夹杂着少量融化的冰雪水，其间在地表形成了

颜色较暗的水流，有些水流在照片中可以看得见。

在日本昭和站南面40千米的大陆裸露岩沿岸也有两个比海平面低的盐湖，湖的周围堆积着白盐。一个湖比海面低24米，和海隔着5米的凹部，长750米，宽250米，深约9.2米。在湖近处，从比湖面高31米处发现了贝类化石，分别是4190年前和3.16万年前的化石。在生长贝类的时代，也就是在3万多年前，这个地区的冰川才开始后退。另一个湖比海平面低31米，水深约31米，存在与海隔着10米和15米的两个凹部。湖面呈长900米，宽700米的椭圆形，其周围发现有贝类化石。

冰川后退后，海水侵入冰蚀谷形成峡湾。在那里，陆地开始隆起，和海分离的低地形成了现在数倍大小的广阔湖水。湖水年年蒸发，虽然有夏季冰川的融水和融雪水流入，但蒸发水量比流入的水量多，浓缩水盐度增高，海里的生物死后变成化石，在沉积物内残留，成为现在的状态。湖水中的盐分是海水的4~6倍，尝一下比盐还苦。冬季有时也会冻结数十厘米厚的冰。

在澳大利亚戴维斯站附近，有410平方千米的裸露岩地带也存在大小无数的小湖，盐湖至少也有15个，其中有4个大的，东西向排列在站的东侧。湖面都在海平面以下，盐类沉积物和化石与上述盐湖相同。

南极的绿洲

在南极大陆的沿岸眺望，一望无际的白色海冰，海冰与落差最大30米的大陆冰相连，到处能看到小的黑色裸露岩。在裸露岩中，也有数十到数百平方千米的无冰地带。这个无冰地区显露出茶色的岩表，在深凹的地方充满着蓝色的湖水，能看到苔藓和地衣，也是海鸟的繁殖地，这样的地区称为南极的绿洲。对于在白色沙漠中前行的人们，当看到裸露的岩石和蓝色的湖水后，马上感觉自己又充满了活力。

所谓南极绿洲，并非郁郁葱葱的树木花草之地，而是长年累月在南极冰天雪地里工作的人们突然发现没有冰雪覆盖的地方时，会另有一番异样感觉，便将这些地方称为南极的绿洲。南极绿洲占南极洲面积的5%，含有干谷、湖泊、火山和山峰。

对南极洲无冰雪地区的探索在20世纪才开始。其后

南极探险盛行，在大陆沿岸接连不断地发现新的绿洲。美国1946—1947年为了制作南极大陆的地图，对东南极沿岸进行了大范围的空中摄影，此时发现了在南纬66°、东经101°附近一块600平方千米广袤的绿洲，取机长帮加的名字，命名为帮加绿洲。1948年1月，美国调查队访问了帮加绿洲，南极绿洲开始进入科学调查阶段。形成无冰雪地方的原因被认为是存在火山的地热和温泉，但没有见到实实在在的证据。冰川的末端地形产生奇异的气象条件，也可能形成无冰雪区，这里也有盐分高的盐湖。

现在已报道的南极绿洲有20多个，总面积超过1万平方千米，不及南极大陆的1%。在内陆冰原露头的山岳地区不叫绿洲，绿洲几乎都集中在大陆沿岸，是曾经被冰川覆盖的地区，堆石多，也常见到海拔100～200米的小丘和400～500米的小山。

南极洲干谷

在南极洲一望无际的雪原中，有一个神奇的无冰雪地带，它是三个巨大的盆地，四壁陡峭，由已消失的冰川切割而成，这就是干谷。

1901—1904年在罗斯岛哈德角越冬的斯科特队第一次发现了在冰雪的南极大陆中有400平方千米宽阔的无冰雪地区，并因首先发现的考察队员泰勒，将其命名为"泰勒谷"。泰勒谷从罗斯岛隔着麦克默多入口，在对岸南部的维多利亚地一带有南极最大的无冰雪地区，叫麦克默多绿洲，干谷是麦克默多绿洲中心。

这里很少下雪，年降雪量只相当于25毫米的雨量。这么少量的雪不是被风吹走，就是被岩石吸收的太阳热量融掉。因此，干谷内没有半片雪花，和四周形成强烈对比。

通常说的南极洲干谷地区是指西北的德布南冰川和科东冰川，南面的弗拉冰川，西面的横贯南极山脉的冰缘末端，东面威尔逊山麓冰川包围的地区，从北向南的维多利

亚谷、赖德谷、地拉谷三大谷，分别从西面的内陆冰原通向东面的罗斯海。从各个山谷分出几条支流山谷。山谷由冰川切削形成"U"形谷，宽的地方有10米以上。山谷长约70米，堆石覆盖，谷底高20～350米，两侧耸立着1000～2500米险峻的山。切削谷的各个山顶比较平坦，有溢流冰川、山地冰川，冰川末端有数条干谷流出，形成冰川舌，但达到谷底的很少，中途几乎都衰退了。

谷底的堆石根据风化程度各种各样，从大的岩块排列到小的石块堆积，还有沙丘等。只要往下游行走，没有一点南极内陆的感觉，而好似步向海岸，面前一片茶色地面和盖着白雪的荒凉世界。

谷各处有大大小小、各式各样的冰川湖，也有盐湖，其化学组成也有完全不一样的。至于为什么会形成不同类型的湖，科学工作者正在密切关注着。融冰水的流域内几乎见不到生物，只生长着地衣类、藻类，偶尔有贼鸥飞来。在冰川湖发现有200只以上海豹的遗骨，也发现了企鹅的遗骨。

逆流河

赖德谷是干谷中心，中间有个范达湖，湖沿着谷底东西方向长5.6千米，南北方向1.4千米，周长16.4千米。范达湖湖面附近海拔高95米，在谷的下游，威尔逊山麓冰川海拔高305米，赖德罗亚冰川末端阻挡了赖德谷，西侧急剧变高，在13千米的地方高762米。因范达湖在赖德谷中央，因此是谷中最低的地区。

奥尼库斯河流入范达湖。奥尼库斯河把赖德谷下游的赖德罗亚冰川的融水汇集到赖德湖。赖德湖又向上游24千米的范达湖逆流，但这个逆流受夏季融冰期的限制。每年12月上旬左右，发源于奥尼库斯河的赖德湖开始流入范达湖，从1月下旬到2月初终止，其间每日约20万吨水流入。因赖德谷平坦，河宽达1000米，渡河也变得艰难。

范达湖的水位在赖德湖水流入的两个月间上升了2

逆流河
ILIUHE

151

米，湖面也变宽。不仅范达湖，德赖巴莱湖的水位也由
于夏季融冰而上升，上升高度每年有很大的差异。但是，
冬季蒸发量和升华量大，每年湖面范围则大体相同。

　　范达湖除了夏季湖岸的一部分出现水面外，其余全
部都是冰，冰厚3～4米。冰下是水，湖最深处有66米。
接近湖面的水是纯水，盐分随深度增加，湖底水的含盐
量是海水的6倍。另外，深度增加水温上升，湖底可测到
25℃的高温。高浓度盐分和高温水存在的原因，各国科
学家正在抓紧研究。新西兰的范达站就建在范达湖的东
南湖畔。

干谷之一赖德　　图右侧中央白色部分是范达湖，在夏季，奥
尼库斯河从图左侧下游流入

永冻湖

南极既有像在德赖巴莱汤潘池那样一年到头不结冰
的不冻湖，也有像范达湖那样冻结的湖。范达湖虽在夏
季也出现水面，但也有时整年冻结。

因德赖巴莱的维多利亚谷谷底高度超过400米，和
南面的赖德谷、地拉谷比较，感觉更加寒冷。因风大，
沙丘发育也比其他谷大，被第一次见到德赖巴莱谷的斯
科特视为死谷，其实将维多利亚谷视为死谷倒是非常
适合的。这个谷底多是凹地，湖也多，谷的东端有比达
湖，北端有维多利亚湖，西北端有维布湖，东面排列着
巴施卡湖，谷的西南部有小的巴尔哈姆湖。这些湖是在
夏季也不出现水面的永冻湖，可能一直冻到湖底。

最大的比达湖全部被厚冰覆盖着。在此曾打过多次
钻，从湖东端1000米的地方打到11.5米的湖底。在表面
20～30厘米的地方，也碰到数十厘米的水层，这个水层

是夏季接受强太阳辐射，表面冰起到了温室的玻璃作用而出现的融冰现象。估计在湖底也有1米左右的水层。这是因为水是渐渐发育的，因此至少夏季在湖底有水层存在是很自然的现象。

在比达湖，虽有维多利亚罗亚冰川、维多利亚阿巴冰川等周围大大小小的冰川夏季融冰水流入，但这些流入量和范达湖相比要少得多。因每年湖面不变化，推测流入的水量和一年的蒸发、升华的量大体平衡。

冰下湖

　　1994年8月29日至9月9日在第23届南极科学研究委员会的固体地球物理学常设委员会和地质常设委员会的联合会上，俄罗斯的卡皮茨亚博士报告发现了巨大的冰下湖——东方湖，令与会者无不震惊。科学家们普遍认为这是不可思议的奇闻，是对固—冰—液系统理论的冲击和挑战。

　　东方湖位于俄罗斯东方站的附近，该站是苏联在国际地球物理年于南磁轴极附近建的内陆站。1960年8月24日在东方站测得-88.3℃的最低气温，这个温度长时间一直作为地球的最低气温。1983年7月21日在这里记录到-89.2℃，从而刷新了-88.3℃的最低气温纪录。冰川学家在这里打钻到3523米深度，发行这里是冰盖研究的一个理想之地。在东方站海拔3500米，冰盖3800米深处隐藏着一个面积为10 000平方千米的湖泊。

　　东方湖位于东方站的西北面，向南纬66.3°，东经103°的西北端延伸，长250千米，宽40千米，细长，呈椭圆形。湖上的冰盖表面海拔3500米，平坦的雪原覆盖在湖泊上面，冰厚3800米，湖水表面在海平面以下300米，湖底在海平面以下700米，湖水深400米。

　　沿着湖的西侧，冰盖下有一个山脉，山脉东侧是深

南极冰下湖

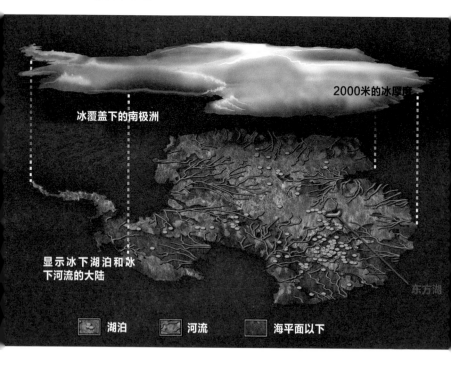

2000米的冰厚度

冰覆盖下的南极洲

显示冰下湖泊和冰下河流的大陆

东方湖

湖泊　　河流　　海平面以下

深的山谷，山谷里充满了湖水。东方湖的面积是贝加尔湖的1/3。

按理，冰盖底部应该是零下几十度的温度，不应该有水存在。底部含水的水层可能是冰盖底部受上部冰重的压力，在高压下使冰融化变成水层。这种现象在冰川学里称压力消融，即在高压下熔点可在冰点以下。

然而，仅仅是压力就能形成这么大的湖吗？于是，科学家又提出从地球内部涌出的地热使冰盖底部融化形成湖水的说法。那么湖的形成究竟是压力消融，还是地热融化，是两者同时作用，还是有先有后、有主有从，这都是一个谜，有待深入探索。

汤潘池和南极石

德赖巴莱在范达湖西端分为北部和南部两部分，沿着它的南端，从范达湖向西前进13千米的地方有个汤潘池，南面和北面谷壁陡峭，东面和西面是被堆石遮掩的谷底，海拔122米。它的形状是东西长700米、南北宽300米的长方形。水浅得只有10厘米。因池水浅，可见水面到处都歪斜着大小石子，池中还含有结晶。

1963年12月，调查该地的日本考察队在池中发现有白色针状结晶析出，经分析发现，它是六水氯化钙（$CaCl_2 \cdot 6H_2O$），是第一次发现的天然矿物，将其命名为南极石。

汤潘池水中的盐分很高，一不留神粘上湖水，眨眼间便会析出白色的结晶。1969年7月，范达站的越冬队员来此地考察时虽是-57℃的低温，但池水仍不结冰。他们认为是德赖巴莱地区的一个不冻湖，可能是因为池水浅、含盐分浓度高和水温受到附近融冰水流入的影响。

但也有不析出南极石的年份。

南极盐湖中盐的来源途径包括风送盐、盐类沉积物溶出和海水。风送盐是指海水被风吹到大陆冰面上，经反复蒸发、升华、浓缩；在湖底含有盐类的沉积物溶入湖水；海水来源则是指由于进入冰川时代前的海水侵入，后与海分离被浓缩。汤潘池的真相如何，得出结论还需要时间。

汤潘池

南极陨石

南极陨石是在南极发现的陨石总称。1969年在大和山脉南侧广阔的蓝冰地区，日本南极观测队发现了9块陨石，4年后又发现了12块陨石。

日本南极观测队发现陨石之前，在南极只发现了4块陨石，此时正是美国阿波罗计划探测月球实施阶段，对宇宙的兴趣正在增长的时候。陨石是从地球外飞来的物质，因此它含有其他天体和宇宙间的重要信息。

继两次发现陨石，日本队在大和山脉调查地质的同时进行了陨石探测，又成功采集了970块陨石。美国从1979年的3年间以麦克默多站为根据地，实施了日美联合陨石调查计划，也成功发现了586块陨石。日本从1980年将调查地区从大和山脉向别尔吉卡山脉扩展，采集了多达3000块陨石，现拥有13 000多块南极陨石。

日本南极观测队发现的陨石已经在日本国立极地研究所保存、分类、制作目录。

南极陨石
ANJIYUNSHI

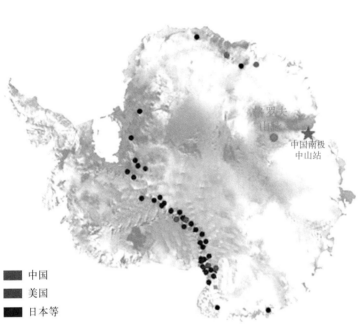

中国南极
中山站

■ 中国
■ 美国
■ 日本等

南极陨石富集区

　　中国南极考察队于1997年在南极格罗夫山发现了4块
陨石，1999年收集了28块陨石，2002年又收集了4448块
陨石，共计4480块。至今，中国已从南极回收陨石12 000
多块，仅次于日本、美国，位居世界第三位。

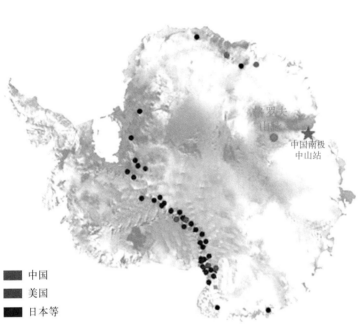

为什么南极陨石那么多？

　　为什么在南极能发现如此多的陨石？有两种可能：一是像极光在极地出现一样，南极地区可能有利于陨石落入；二是南极存在易于陨石富集和储存的地形地貌。据统计，每日落到地球上的陨石包括微小尺寸的宇宙尘有100～1000吨。但是这些陨石落到哪里，哪里多哪里少，还真不能说清楚。

　　在南极以外的地方发现陨石，经常是那里有人居住，人们偶然会看到落下的陨石；而落到旷野的陨石，随着洪水暴雨进入溪河，最后汇入大海。

　　南极发现的大量陨石被认为是富集而来的。那么，陨石的富集机制是什么？南极被称为冰的大陆，到处被冰覆盖，实际上它接近表面100米是雪。南极大陆的冰是雪压缩而成的，只有积雪达100米以上时，其下部才结冰，因此冰直接露出的地方是不多见的。发现陨石多的

地方仅限于内陆山脉周围的裸冰。

南极大陆平均冰厚1890米，最厚的地方高达4000米，这里的冰向低处流，最后形成冰川向海里流动。流动的冰碰到山脉被阻挡在那里，即使是夏天，温度也只有-10℃。由于强风和日照，冰每年以10厘米速度消耗，若陨石和冰一起流动，冰升华损耗，陨石则不熔化，这样陨石就在冰上留了下来。这就是陨石富集的假说。

同样机制，低于1500米的裸冰上就见不到陨石，这是因为低于1500米的高度，温度变高，夏天日照增强，陨石变暖，热把它正下方的冰融化而下陷入冰中。海拔最高的地方称为分冰岭，从分冰岭起，冰盖向低的方向移动，因此分冰岭的内侧是落下陨石的富集地。

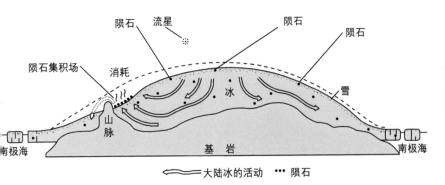

陨石富集机理图

月陨石

月陨石是一种无球粒陨石，依据其在月球母体时所处的位置大致分为三个类型：月球高地斜长岩，月海玄武岩，月海静海石以及混合岩，分别来自月球高地、月海、高地月海交界地带。

在南极发现的14块月球陨石中，有7块是日本队发现的。南极以外只发现了1块，是在澳大利亚发现的19克的月陨石。岩石被分为两大类：一类是斜长岩质角砾岩，主要由斜长石组成，陨石撞击碎成角砾化，岩石起源于月球的高地；另一类是玄武岩，辉绿岩。玄武岩是在月球表层迅速冷却形成的岩石。这些陨石的总质量达2千克，阿波罗登月带回的岩石总质量不到400千克，但远远超过苏联的尔纳登月带回的300克的岩石。南极发现的14块月陨石中有3块和2块是两组陨石，因发现的地方很近，化学组成也相似，所以被视为是同一种岩石。

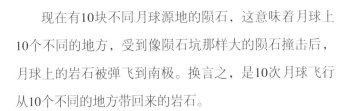

现在有10块不同月球源地的陨石，这意味着月球上10个不同的地方，受到像陨石坑那样大的陨石撞击后，月球上的岩石被弹飞到南极。换言之，是10次月球飞行从10个不同的地方带回来的岩石。

阿波罗和尔纳从月球的8个地方带回了岩石，这些岩石是从地球能看到的一侧获得的，但是南极发现的月陨石有的可能是从月球背面来的。依赖月陨石的发现将可能恢复和过去不同的新的月球进化诠释。

月陨石的熔角

 火星陨石

现在知道地球上发现了12块火星陨石，其中6块是南极火星陨石。目前还没有直接从火星上带回的岩石，因此火星陨石是获取火星起源唯一的物质，也是告诉我们火星的地质、火星进化过程唯一的岩石样品。

为什么说这些陨石起源于火星呢？主要原因是火星大气和陨石中所含气体组成一样。1976年人造飞船在火星上着陆，分析了大气和表层岩石成分，将数据传到地球。起源于火星陨石上的玻璃质部分所含的气泡中的气体组成和火星一致。这个理由充分说明这些陨石起源于火星。

美国南极考察队于1984年在南极艾伦山坡上发现了一颗火星陨石，取名为84001号火星陨石。美国宇航局（NASA）在20世纪90年代公布了对这颗火星陨石的研究结果：火星上存在生命迹象。在84001号火星陨石的切

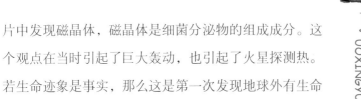

片中发现磁晶体，磁晶体是细菌分泌物的组成成分。这个观点在当时引起了巨大轰动，也引起了火星探测热。若生命迹象是事实，那么这是第一次发现地球外有生命的证据，生命不再仅仅是地球特有，太阳系以内就可能有生命，进而可演绎到整个宇宙。

艾伦山火星陨石

陨石故乡在哪里？

通过拍摄陨石落下的照片，推测它们的轨道，很明显，陨石轨道到达小行星带，这是陨石起源于小行星带的有力证据。仅在这个小行星带的轨道，直径100～1000米的小行星就超过5000个。测定这些小行星表面的反射光谱并与其他陨石比较，得知它们大部分和碳质陨石、石铁陨石等很相似。所以，目前大部分科学家认为小行星带是陨石的故乡。

但在南极的陨石中，出现最多的是普通球粒陨石，与它们光谱相似的小行星很少，那么普通球粒陨石的故乡在哪里呢？有一群被称为阿波罗型的小行星群，是接近地球轨道的近地小行星群，它们中很多反射光谱和普通球粒陨石的光谱很相似。

金刚石陨石被发现后，其母体也成谜。一种说法认为，在地球表面发现的金刚石陨石的母体应该有月亮那么大；另一种说法认为，该陨石母体是某小型天体与地球相撞时产生的；还有一种观点认为，陨石在太空游荡时与其他陨石相撞，在足够的冲击力下产生了金刚石。

在月球和火星表面有很多陨石坑，这是被陨石撞击的痕迹。大陨石撞击时形成陨石坑，同时把月球和火星上的岩石弹向宇宙空间，落到地球上就是我们所获得的月陨石和火星陨石。同样在小行星带和阿波罗型的小行星群上有陨石的撞击，大多数陨石也会从那里飞出，最后落到地球表面成为陨石。

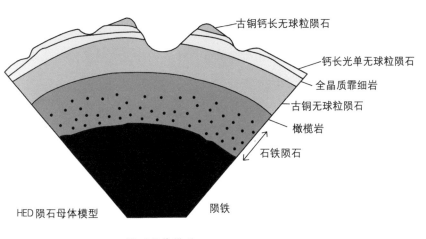

陨石母体模型

臭氧空洞

大气中的臭氧（O_3）是紫外线作用于氧分子（O_2）和相应的氧原子（O），使氧分子和氧原子结合形成的。臭氧大部分存在于平流层（10～50千米高度），通常其最大密度位于大约20千米的高度。臭氧的总量还不到地球大气总分子数的一百万分之一，但是，臭氧能吸收太阳光中危害生命的紫外线，因此臭氧扮演着地球生命保护神的角色。

1985年，英国科学家首次报道了南极上空发现臭氧层空洞现象，引起了全球的关注。每年8月下旬至9月下旬，在20千米高度的南极大陆上空，臭氧总量开始减少，10月初出现最大空洞，1998年发现其面积达2700万平方千米，覆盖了整个南极大陆及南美洲南端，11月份臭氧才重新增加，空洞消失。

研究证明，人类大量用作制冷剂和雾化剂的氟氯

烃，在平流层中经光分解成氯原子，氯原子使臭氧分解。在南极上空20千米的高度，因温度非常低易生成云，这种云加剧了氯的催化作用，所以在南极臭氧空洞形成过程中，大气中的化学反应和大气运动相辅相成，紧密相关。12月臭氧浓度大体恢复到正常值，其原因是含有臭氧多的空气从低纬度流入混合在一起，另外积存氯气的极地平流层云消失了。

氟氯烃和臭氧空洞

 臭氧空洞话利弊

　　南极臭氧空洞出现，破坏了上空的臭氧层，太阳紫外线辐射不受阻隔地直射地面，对生物产生强烈的直接影响，如臭氧减少1%，皮肤癌患者中患黑色素癌将增加4%～6%，对南极脆弱的冰藻也会产生极强的杀伤力。据研究，紫外线辐射的增加会破坏核糖核酸（DNA）的结构，能改变遗传信息和破坏蛋白质。

　　最近研究表明，臭氧洞的存在保护了东南极大冰盖不受全球变暖的影响。英国约翰·特拉认为臭氧洞会对南极响应全球变暖起着屏蔽的作用，理由是平流层中臭氧耗损起到分别与上空和海洋隔离的两个作用：一是加剧了极涡增强，极涡像一个大锅盖，隔离了对流层的增暖层与南极冰盖的接触；二是环南极大陆中心风力增强并改变了大陆的天气模态，致使南大洋上空夏秋季西风增强大约15%，强风有效地把南极从暖化海水中隔离开来，造成东南极大陆表面温度不增反减和降雪增加的趋势。

　　到底如何权衡南极臭氧空洞的利弊？先考虑以人为本的思维是最重要的。据报告，居住在距南极洲较近的智利南端海伦娜岬角的居民，就像到南极大陆人员一样，外出都要涂上高防紫外线的防晒油，戴上太阳眼镜，否则半小时后皮肤就晒成鲜艳的粉红色，并伴有痒痛；据说当地的羊群多患白内障，几乎全盲。

　　值得庆幸的是，人类已找到了引起南极臭氧空洞的

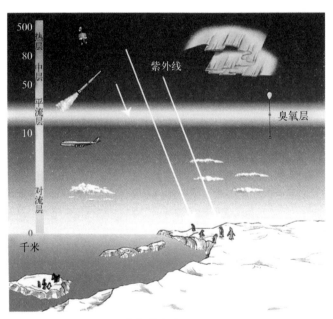

臭氧层危害

罪魁祸首——氟利昂。1987年主要工业国签署了《蒙特利尔公约》，到2010年已在全球禁止生产氟利昂。2016年《巴黎协定》要求全球尽快实现温室气体排放达到峰值，20世纪下半叶实现温室气体净零排放，把全球平均气温较工业化前升高控制在2℃之内，并为把升温控制在1.5℃之内而努力。

最近传来好消息，据美国国家航空航天局及美国国家海洋和大气管理局的卫星数据显示，大气中的臭氧耗损物质浓度已经停止上升，并呈现逐渐降低的趋势；臭氧层空洞的历史最大值发生在2000年9月6日，面积达2990万平方千米，这个数据相当于美国、加拿大和墨西哥国土面积的总和。

到2012年，他们记录到的臭氧空洞当年最大值发生在9月22日，面积为2120万平方千米，已缩小了41%。而2012年，南极臭氧层空洞的平均面积最小值为1790万平方千米，预估可能要到2065年，南极臭氧层会恢复到20世纪80年代的水平。

为什么地球会变暖？

　　地球的热能源主要来自太阳的辐射。假若地球上没有大气层，究竟地表平均温度有多少度？基于来自太阳的辐射量和地球反射的辐射量是平衡的条件，简单计算的结果显示，该温度为-18℃。由此可见，要是没有大气层的存在，地球会是一个相当冷的星球。把地球不同的地区和季节变化进行总平均，则地表的实际温度为15℃，与单纯从辐射计算出来的温度相差33℃。这就是大气层的温室效应所造成的。

　　太阳辐射能量大部分是可见光，它能穿透包围地球的大气，但大气又能吸收地表辐射的红外线。这就是说，太阳的热能穿透大气直接把地球加热，被加热的地面为维持温度的平衡而辐射红外线，在传回宇宙空间的途中，被水蒸气、二氧化碳、甲烷、臭氧、氟利昂等气体和云，以及气溶胶粒子所吸收，并把它们加热。被加

热的大气会辐射红外线，地表再度被进一步保温，这种现象被称为温室效应。

造成温室效应的物质中，二氧化碳和氟利昂是由人类活动造成的，甲烷成因尚不十分清楚，但是它们在大气中的浓度确实在上升。这个上升率并不是恒定的，而是年年变化。

为了预测将来的气候变化，必须知道这些造成温室效应的物质在大气中是通过怎样的过程增加的。首先应定量地掌握这些物质在地球上的循环过程。为此，就要建立和扩充全球范围的观测网，特别是南极地区因远离人为污染源，并能获得这些物质的本底浓度的变化，成为不可替代的观测点而引起重视。

南极的发现和命名

从什么时候人类对南极的存在变得有兴趣了呢？古希腊哲学家们提出，人类居住的世界是由陆地和包围它的海洋构成的一个球体。以对称性的思想，和自己居住北面的陆地相对应，他们猜想在球体的南面也应该有一个陆地。

公元150年左右，希腊天文学家亚历山大和地理学家布特莱迈奥斯制作了世界地图。这个地图标出了在世界最南端的未知国。在南面的未知国意味着在北部星座的熊座（Arktos）的对面，称为"Antiarktos"（Anti为"反"的意思）。南极洲，英语叫"Antarctica"，这个词来源于希腊语，法语（Antarctique）和德语（Antarktis）等的词冠都是一样的。

第一次接近南面冰海的是波利尼西亚人。在波利尼西亚的拉顿加岛，传说公元650年左右，一个叫维特兰吉

奥拉的年轻部落长和他的伙伴，乘独木舟航海到南太平洋，顺势随暴风雨向南漂流，到达浮冰区。

新西兰主要是由英国的白人移民和毛利族组成的国家。毛利族也不是新西兰的土著民族，是公元8世纪到10世纪从波利尼西亚渡海而来的民族。他们依靠大型皮艇和出色的航海技术跨越3000千米的大洋来到新西兰。他们的长距离航行能力令人钦佩。

进入15世纪，人类对寻找南方大陆又关注起来。

当时欧洲是世界探险活动中心，它的代表是哥伦布发现美洲大陆，从而迎来了地球大发现时代。

在欧洲由于文艺复兴受到迫害的科学再度复苏，布特莱迈奥斯1300年前写的地理学教程被译成拉丁语，这些知识传给众多读者，使他们也知道未知的南方国的存在。

寻找未知南方国时代

15—16世纪，欧洲人不仅活跃在亚洲，也延伸到南半球麦哲伦海峡、德雷克海峡等，并进出南面的海域。1497年，达·伽马从大西洋绕过非洲好望角穿过印度洋继续航行，发现了从大西洋进入太平洋的航线。

这个时代，在法国的各国航海者和探险家也有新的发现，不断地绘制新的地图，1569年，墨卡托绘制了世界地图，在这个地图上也包括现在的澳大利亚、新西兰、火地岛等大的陆地，未知的南方国（Terra Australis Incognita）被描绘出来。奥特里乌斯在1570年用钢板印刷出世界地图册，在这个地图上也将未知的南方国标了出来。

进入17世纪，荷兰替代了活跃在世界海上的西班牙和葡萄牙，成为世界贸易中心。荷兰人经反复调查，把澳大利亚考虑成未知的南方国。但是澳大利亚是中纬度

大陆，其后也发现了新西兰，知道它也并不是未知的南方大陆。

　　未知的南方国一直到19世纪仍然同以前一样是未知的。但人们坚信，对未知的南方国的认识，正在一步步接近。

1570年绘制的未知南方大陆

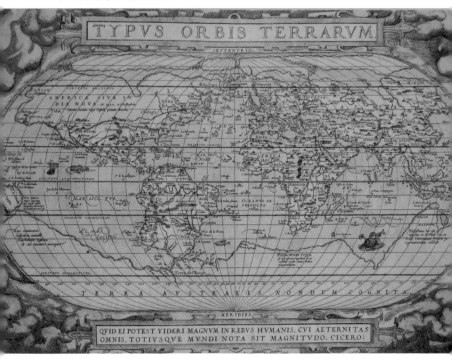

英国库克的航海

  1738—1739年，让－巴蒂斯特·夏尔·布韦指挥的法国探险队，调查了非洲大陆南面的未知海域。1739年1月，发现了冰川覆盖、险峻暗淡的小岛，这个小岛就是现在的布韦岛。他们在航海中看到了许多桌面状冰山，这表示南面有陆地，这个重要的信息被记录下来。

  1772年，法国第二支探险队发现了格罗泽群岛、爱德华王子群岛、克尔格伦群岛等，并发现了印度洋上的一些岛屿。英国的詹姆斯·库克，是世界上第一个以寻找南极大陆作为目标的探险家。1772年11月，库克绕过好望角，向东南方向前进。

  1773年1月17日11时5分，库克突破了东经39°、南纬66°30′线，第一次进入南极圈。库克进一步向东进发，继续航海。在南极的冬季，库克访问了大洋洲的塔希提岛和新西兰。

英国詹姆斯·库克船长

1773年12月，库克再次南下，从西经150°向西经140°的南极圈航行。1773年1月30日，到达了西经106°54′、南纬71°10′的地方，这是他们航海的最南点。其后，继续东进，发现了南桑德韦奇群岛。

库克船队在南纬高纬度绕地球航行一周是人类第一次对南极大陆的环行。库克航行到达冰海的南侧，在比南纬60°还高的高纬度地区，认为南面确实存在陆地，但它不是人们所想象的那样大的大陆，推断是冰和雪覆盖着的一个不毛之地。

南极大陆的发现

　　谁最先发现了南极大陆，一直存在着争议。1820年
1月30日，英国的捕猎海豹船指挥官布兰斯菲尔德测绘了
被发现的南设得兰群岛。船从该岛的东南侧海域向南航
行，到达南纬64°30′，看见了南方的陆地，命名为特里
尼蒂地。英国主张这一次是南方大陆首次被发现。但那
里是现在的特里尼蒂岛，这也是被推测出来的。

　　美国捕猎海豹船把欺骗岛作为基地进行活动。21岁
的船长帕尔默的"英雄"号船于1820年11月17日航行到
欺骗岛南面的海域寻找海豹，发现了结满冰的小海峡，
后称为奥尔良海峡，海峡的一边是南极大陆。以此美国
主张这是南极大陆的最初发现。

　　另外，戴维斯指挥的"塞西莉亚"号船1821年2月7
日的航海日志记载："放下小船，到东南方大的陆地去看
海豹，这块陆地是个大陆。"这被确认是最早登上南极大

陆，估计这里是现在的休兹湾。

1819—1822年，俄国的别林斯高晋指挥的两只船航行在比库克更高的纬度上，环绕南极大陆。1821年1月21日发现了陆地，命名为彼得一世岛，1月28日又发现了陆地，这个陆地用当时俄国皇帝的名字命名为亚历山大地。以后的调查表明，亚历山大地是通过冰川与大陆相连的岛，改称为亚历山大岛。俄国认为这一发现是人类第一次发现南极大陆。

人类经过数百年的探索寻找未知的南方国，但大约在一年时间内，三个国家都宣称第一个发现南极大陆。哪个是真正的最初发现者，谁也没能提供出最好的证据，因此至今没有结论。

南极最初的科学调查

　　自1831年发现了北磁极后，关心南磁极的科学家便向南磁极进发。法国、美国、英国派遣了以真正的科学调查南极为目的的探险队。法国队的指挥官迪蒙·迪维尔最先发现南磁极，于1840年1月把太平洋南面东经120°～160°未调查海区磁针指向正南方向作为前进方向继续南下，磁针偏角变大，1月20日最终确认前方的锡尔德陆地。第二天，在南纬66°30′、东经140°处登陆，取名为乔罗迪海角，进一步把附近一带取名阿德雷地，并宣布为法国的领土。美国队比法国队晚一年从本国出发。以威尔克斯为指挥官，由6只船组成的探险队，从1839—1840年，调查在太平洋西侧西经105°、东经97°的海域，获得了从南极的西半球到东半球的宝贵资料，并把看到的海岸区到内陆一带命名为威尔克斯地。罗斯率领的英国队比法国晚两年从本国出发，发现了南纬71°、

东经170°的陆地，命名为阿代尔角。海岸线从这里拐成直角，继续向南延伸，磁针的南向在前进路线的西南，也是指向陆地的方向。1841年1月10日，他们沿着东经174°线，从浮冰带的海上看到辽阔的水域，与西侧的陆地蜿蜒相连。随着继续向南航行，磁针的方向从西向西北方向变化，确定了南磁极在陆地。此次航行发现在南极也有火山、存在大范围的海冰等。

1770至1777年南极洲航次

1773至1775年 库克（英国） "决心"和"探险"号	1819至1920年 布兰斯菲尔德（英国） "威廉姆斯"号	1820至1821年 帕尔默（美国） "英雄"号
1819年 斯密斯（英国） "威廉姆斯"号	1819至1821年 别林斯高晋（俄罗斯） "东方"号和"米尔尼"号	1820至1821年 戴维斯（美国） "塞西莉亚"号
		1822至1824年 威德尔（英国） "简和博福伊"号
		1930至1932年 比特斯科（英国） "图拉"和"莱夫利"号

1770—1830年期间的南极探险

186

英国斯科特队的调查

挪威博物学者博客格莱维克在英国政府的援助下组织了观测队，从1899—1900年，在阿代尔角罗帕德松湾越冬，对附近一带进行了调查。这是在南极最早的越冬队。

进入20世纪，1901—1904年，英国斯科特探险队驾驶"提斯肯巴里"号开往南极，在从罗斯发现的埃里伯斯山向南延伸的半岛尖部建一小屋，和船一起越冬，现在称哈德半岛。斯科特在越冬期间进行了各种各样的调查，有很多发现。他们主要进行从阿代尔角向南延伸的海岸和罗斯冰架各处的调查。斯科特三人在罗斯冰架向南通过狗拉雪橇进行调查，1902年12月30日到达南纬82°17′，第一次超过南纬80°线，在那里能看见相连的大陆山峰。副队长阿米特迪一行，横穿麦克默多入口，以阿代尔角相接的山脉作为目的地，向大陆进发。他们中的地质学

家登上了一座名叫弗拉的
冰川，海拔高2000米，眺
望前方开阔的冰原，能看
见北侧和南侧数个山峰突
出冰原，第一次在南北走
向的横贯南极山脉留下了
足迹，看到了南极内陆大
冰原。

1903年12月度过冬
季后，斯科特他们沿着阿
米特迪的路线到达内陆

斯科特

冰原，继续行进了360千米。在内陆冰原除了因风和雪
形成的雪脊外，甚至连一个小丘都没有。他们回来的道
路比去的道路更向北，但在越过横贯南极山脉的地方，
内陆冰川突然消失，发现弗拉冰川的北侧一带是广阔的
无冰雪地带。斯科特把无冰雪地带叫干谷。斯科特的调
查，揭开了南极大陆内陆的面纱。

发现煤的化石

英国的沙克尔顿参加过斯科特领导的南极调查，但因在越冬期间患白血病提前回国，之后他组织了以到达南磁极和南极点为目标的探险队。他们在罗斯岛的罗伊兹角建设房屋进行越冬。1908年3月，3名队员登上了埃里伯斯山，对活动的火山口进行调查。

1908年11月3日，把南极点作为目标的沙克尔顿带领了4名探险队员和4匹耐寒的小马一起出发。沙克尔顿和斯科特一起在罗斯冰架南下时，取的路线稍微向东，几乎是向正南前进。11月26日，到达南纬82°18.5′、东经168°处。越过斯科特队行驶的最南点，从阿代尔角，仍向东南方向行进，于12月2日，到达南纬83°28′、东经171°30′处，山脉蜿蜒，若不越过这个山脉肯定不能到达极点。12月3日，探险队发现了山脉间的间缝，侦察的结果是一个大冰川。探险队的支援者给它取名为贝亚多莫亚冰川，从12月4日起开始攀登。

12月10日，探险队在堆石附近发现了和花岗岩在一起的化石，第二天的调查判断是针叶树的化石。12月17日，探险队艰难地登上冰川，在高2030米的冰川源流区架设帐篷，在附近露出的砂矿层中，发现了从10厘米到3米厚有6层煤露出。化石和煤的发现，说明了南极大陆内部也曾有过生长着茂盛植物而非冰川时代的温暖气候。

南极煤层

"1909年1月4日，即将结束，因我们的身体迅速变得虚弱，只前进了3天，粮食不足，伴随着从南面吹来的地吹雪，使我们知道了界限。1月9日，最后的日子，在南纬88°23′，东经162°打木桩……不管让什么样的遗憾留下，但我们是尽全力去做了。"（来自沙克尔顿的日记）到达南磁极而非到达南极点的沙克尔顿队取得了很多南极第一手科学成果。

南极的化石资源

万物生长靠太阳。就连石油和煤，其前身也是依靠太阳能生活的生物。因为石油和煤炭是多少亿年前在地球上集中了太阳能并储存在地下的，被称为化石资源或化石能源。

人类知道石油和煤炭后，便迅速获取了它们的巨大恩惠。自18世纪工业革命以来，它们的消耗量迅速增加。从第二次世界大战结束时，人们就开始担心石油和煤炭会在若干年后从地球上消失，要进行原

南极动植物化石分布

子能和太阳能开发和研究的呼声也一直未停。但人类对化石能，特别是石油的需求却有增无减。若要避免石油危机，就要不断地发现新的油田，进行开采，因此，人们想到了南极。1908年，沙克尔顿第一次在南极发现了煤炭，经过其后的探险和调查，知道了在横贯南极山脉和查尔斯王子山脉有煤层。目前发现的煤炭只是在露出冰盖的地区，隐藏在冰里的地区还没有调查。

石油和煤不同，在南极地区还没有得到一升石油。美国和英国的石油公司提出了开发南极石油的要求。遵照《南极条约》的规定，不允许在南极圈内开展探测资源的活动。因此，20世纪80年代，这个问题在南极条约协商会议上曾经反复讨论，但最终在权衡资源和保护南极环境利弊后，1991年南极条约协商国在马德里签订了《关于环境保护的南极条约议定书》，该议定书把禁止开展南极矿产资源活动再延长50年，直至2041年。

地球储存太阳的能源经过了几十亿年，而人类只在百年间就会把它们耗尽，因此，保护南极的化石能源就是为下一代留下财富。

南极的地下资源

在南极首先发现的地下资源是煤炭，在西南极的海区，推测有相当多的石油和天然气。除了化石资源外，在南极大陆许多地方也都发现了铁矿。煤炭、石油（包括天然气）、铁是南极大量存在的地下资源。

根据《南极条约》的规定，各国不能进行地下资源探查，但是在裸露岩地区的广大范围进行细致的地质和地球物理调查，可得到矿产资源分布情报。通过各国在南极的地质调查，基本勾画出了南极地质构造图。对剩余地区的调查还将继续，并着重对已调查过的地区进行更加详细的调查。到现在为止，已发现多种有用的矿物，如在南极半岛地区，有镍、钴、锰、铝、铬、金和银等。据估计，铜的含量也相当丰富。据推测，南极内陆可能含有丰富的铜、锰、铝、镍等重金属，金、白金、银等贵重金属，金刚石、纯绿宝石、柘榴石等宝石

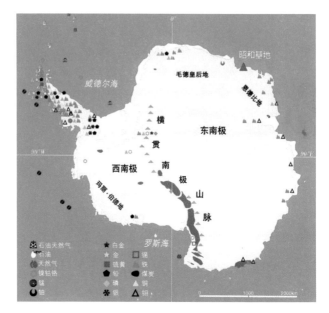

矿产资源分布

类以及放射性矿物等。

关于南极的矿产资源，南极条约协商国通过协商达成以下共识：在1991年签署的《关于环境保护的南极条约议定书》中第七条的"禁止矿产资源活动"中规定："任何有关矿产资源的活动都应予以禁止，但与科学研究有关活动不在此限"。第二十五条第二款又规定："如从本议定书生效之日起满50年后，任何一个南极条约国用书面通知保存国的方式提出请求，则应尽快举行一次会议，以便审查本议定书的实施情况。"不难看出，该议定书实际上禁止了自生效后50年内在南极的矿产资源活动。

阿蒙森考察队和首次登上南极点

1904年4月6日，美国的皮尔里宣布到达北极点。于是到达南极点成为探险家们新的挑战。1910—1912年，2个探险队——挪威的阿蒙森队和英国的斯科特队以到达南极点为目标在罗斯海集中。

阿蒙森本来驾驶着"弗拉姆"号船航行在北极考察路上，但是，在大西洋的玛蒂岛靠港时，他把目标改为南极点，在转告给队员的同时也用电报让斯科特知道。阿蒙森自己也有南极探险的经验，他阅读各探险队的记录，准备得很充分。在罗斯冰架的鲸湾设立基地，1911年2月10日开始越冬。1911年10月19日，5名队员乘4架雪橇由52只狗牵引出发。随着物资的减少，队员们陆续把疲劳的狗当作食物，12月14日到达南极点。归路也顺利，此时狗只剩下11只，1月25日回到基地，3000千米长途跋涉的严峻路程用了98天完成。

斯科特队在哈德角向北20千米，25名队员越冬。1911年11月1日，斯科特向南极点出发。斯科特选择代替狗拉雪橇的马没有发挥预期作用，几乎是靠人拉雪橇登上了贝亚多莫亚冰川。

"1月17日……到达南极点。但和梦中描述的情况极不相同……急着返回。可是我们果真就要回去了吗？3月29日……不能继续写以上日记，最后将我们的家属进行托付。"（摘自斯科特日记）1912年11月12日在罗斯冰架发现了他们的遗体。

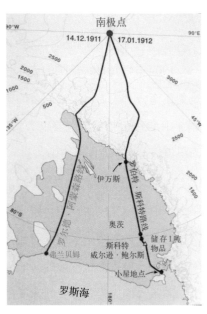

斯科特和阿蒙森登南极点路线

美国伯德第一次极点飞行

从1914年起，由于持续4年的第一次世界大战，航空、摄影和无线电技术得到迅速发展，这些技术在南极也应用上了。美国人伯德在南极使用飞机是他最大的贡献。他在1926年飞往北极点，1927年成功穿越大西洋，接下来的目标就是飞向南极点。

伯德组织了民间探险队，于1928年末到达鲸湾，和阿蒙森一样，在冰架上建设了越冬站，42人开始了在南极考察史上第一次如此多的人越冬。站上有包括容纳3架飞机的机库，排列着十多栋建筑物，此站叫小亚美利加站。除了有像美国国内一样的牵引车和拖车外，他们还准备了100只狗。在越冬开始前，探险队员依靠飞机开始了内陆调查，在玛丽·伯德地地区，接连不断地发现新山脉，山脉用资助探险队的罗克弗拉和弗德的名字命名；用狗拉雪橇进行地质调查，因为是人们第一次看

到的山脉地区，每次空中摄影都会发现新的裸露岩和山脉。过了冬天，1929年11月28日，伯德等4人驾驶一架有3个发动机的大型福特机，从小亚美利加站起飞，飞往南极点。飞机上装满了燃料、紧急食品和装备约2300千克的货物，越过了3000米高连续排列的毛德皇后山脉。由于超重，曾两次将数百千克的粮食抛出机外。

此时伯德写道："远离、寂静的地球之底，想象的地点在我们脚下。"到达南极高原，伯德等人用六分仪和罗盘仪最终确认到达南极点，时间是1929年11月29日1时14分。在那里，他们插上了美国国旗，出发后19小时回到了小亚美利加站。1979年11月29日，在罗斯岛的美国麦

伯德与他的飞机

克默多站伯德少将的胸像前召开了极点飞行50周年纪念会。现在乘螺旋桨飞机从麦克默多站到南极点，往返只需6小时30分。

挪威和南极

　　以彪悍的北欧海盗而著称的挪威人，当北极的鲸鱼被捕减少时便转战到南极。克里斯坦森一家管辖的挪威赴南极捕鲸船队也加入了南极探险，沿途记录了很多地理上的新发现。

　　从1927年到1931年，在南极度过了4个夏季的拉尔斯、克里斯坦森，乘着载有水上飞机的"诺贝迪亚"号航行在南大洋，并进行南极大陆沿岸地区调查。1929—1930年完成了从布韦岛登陆和空中摄影。其后，作为他们第一次南极飞行，于1927年12月7日访问了从发现到当时隔了1个世纪的恩德比地并进行了空中侦察。到达南磁极的莫森后来指挥澳大利亚的探险队活跃在南极，这是他实施的第3次探险。莫森队和挪威船一样使用飞机侦察。两队在海上聚会，商量以东经45°作为界线，挪威队在西侧，澳大利亚队在东侧进行调查活动。两国的领

土权主张也是按照商谈的结果。但挪威的船和飞机的活动，后来也涉及恩德比地东侧，很多挪威人的名字留在了地图上。

1935年2月15日，米克尔森船长驾驶着"图尔桑"号发现了东经80°附近与大陆裸露岩相连的开水域，船长及其他6人和船长夫人加罗林·米克尔森用小艇登陆。

1936—1937年，"图尔桑"号进行了东经30°—40°的调查。从飞机上共拍摄了2300张照片。

经过这样的探险后，从东经20°—45°的海岸线轮廓问世，它背后的内陆地区一带命名为毛德皇后地。

战争时代的南极

　　1939年德军侵占波兰，欧洲战火蔓延，揭开了第二次世界大战的序幕。1941年1月13—14日，挪威14只船组成的捕鲸团队，共计4万吨捕获物，被德国军舰拦截。美国、英国、法国等世界列强开始考虑进入南极大陆和周围海域进行军事作战的必要性，南极的战争时代到来了。

　　德国的潜水艇队利用本国补给船的集中点克尔格伦群岛，从岛上出击，在澳大利亚的悉尼、墨尔本、阿德莱德等港敷设水雷，攻击澳大利亚、英国、美国等联合舰队。1943年1月，英军侦察到了拥有天然良港的南极欺骗岛。这里在一年前由阿根廷海军竖起了记有领土主张要求的金属牌。英国将牌取下，立上了记有英国领土主权的宣言牌。英国和阿根廷从此开始了欺骗岛的领土之争。1952年2月1日，两国海军蜂拥而至，发生了炮击事

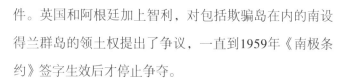

件。英国和阿根廷加上智利，对包括欺骗岛在内的南设得兰群岛的领土权提出了争议，一直到1959年《南极条约》签字生效后才停止争夺。

《南极条约》不适用于马尔维纳斯（福克兰）群岛和南设得兰群岛。1982年4月，英国和阿根廷发起战争，关于南极地区领土所有权争议的潜在严重性重新被认识。

1944年2月，英国在欺骗岛南面360千米的维格岛设立了基地，第二年又在南极半岛尖部的霍普湾设立了基地，这对第二次世界大战时英国的扩张很有利。因此，英国在大战中的南极建站，也只选择那些具有重要军事意义的地点，依靠远离本国的军人建设和维护。

永久基地的构思

　　20世纪30年代，使用飞机在南极调查和探险活跃了起来，其主要目的是把新的大陆作为自己国家的属地。有关国家对南极领土主权的主张也正处在十分敏感的时期。这时美国发表了以下主张：新的陆地的发现，即使按国际惯例获得拥有权，只要主张领土所有权国的国民不居住，就不能算有效拥有主权。

　　美国政府依据上述说法，把南极领土主权作为目标，1939年决定派遣永久占有和科学调查的探险队，总指挥是伯德。1928—1929年，美国人进行了几次南极飞行考察后建立了"小亚美利加基地"，探险队在旧小亚美利加站附近建设西部站——小亚美利加Ⅲ站；东部站建设在南极半岛的斯托宁顿岛，1940—1941年分别有33名和29名人员越冬。美国在两个站连续进行气象、地磁、极光等观测，开展了野外调查和飞机空中摄影等。

"亚美利加计划"因第二次世界大战而被迫中断。战争结束后，美国改变了所谓领土主权的方针，继续由海军进行南极的调查和观测，开始了新的构想设计，其实施的"跳高战"和"风车战"两个调查，制作了南极大陆60%的海岸线地图，进一步用冰架上的站取代小亚美利加站，在罗斯岛的裸露岩上建设麦克默多站。

智利南极考察站

第二次世界大战结束后，英国的南极领土权主张是进一步推进考察站的建设。他们共有5个站，主管部门也从海军转到移民局，斯托宁顿岛有个E站，队长身兼移民的职责，邮局为移民地发行邮票。

阿根廷于1947年在南纬64°20′，西经62°59′设立梅尔基奥尔站，在南奥克尼群岛的罗利岛从1903年起一直进行气象观测，到1955年在南极半岛建了6个站，每年约有70名人员越冬。

智利也在1947年开始在南设得兰群岛的格林尼治岛建站，到1955年建设了4个站，每年约有30人越冬。澳大利亚、法国、南非也在南极大陆和周围岛屿建设越冬站，开始进行气象、生物、地球物理等的科学考察。

 国际联合观测

要详细了解在地球上发生的各种现象，在更广泛的地区同时进行观测是必要的。南极观测取得像现在这样的国际合作形式是从1957—1958年的国际地球物理年开始的，在这以前是在1882年和1931年分别实施的第一次和第二次国际极地年。

关于天气预报，最近的气象卫星照片在电视上被放映，照片上重复的天气图是用地上观测的气象资料做成的。现在国际上有约定，由世界气象组织建立数据资料库，气象资料相互传送，有利于各国进行天气预报。但第二次世界大战结束后，暂时没有情报传送，由于没有人造卫星资料，只依靠本国附近的资料进行天气预报，并期待达到高准确率是相当困难的。卷入战争的国家，因气象资料是一个重要的保密资料，故本国的资料并不会向国外传送。气象、地磁、地震等物理信息，像俄罗斯、美国、中国等国土辽阔的国家，本国资料的实用研究也不充分。根据科学工作要求，实施了国际极地年，参加第一次国际极地年（1882—1883年）的12个国家，分别在中纬度地区建立34个、北极地区建立13个、南极地区建立1个科学观测站，以开展极光、地磁、气象的联合观测。

从第一次国际极地年的50年后实施第二次国际极地年，第二次国际极地年把重点放在北极地区，44个国家参加。在南极地区只在克尔格伦岛和南乔治岛进行越冬。

第二次世界大战结束时，世界科学技术得到了迅速发展，这些技术用于宇宙和地球的研究也取得了显著成效，其间包括南极在内的地球物理学研究，第三次国际极地年没等到50年后的1982年，而是在第二次国际极地年25年后的1957年提前实施，也叫作国际地球物理年。2007—2008年开展了第四次国际极地年。

2007—2008年的第四次国际极地年

国际地球物理年

　　国际地球物理年是从1957年7月1日到1958年12月31日世界各国共同推进地球物理的观测活动。南极观测是第三次国际极地年的重点，参加国有阿根廷、澳大利亚、比利时、智利、法国、日本、新西兰、挪威、南非、英国、美国和苏联，在包括周围岛屿的南极大陆上建设了60多个观测点，围绕气象、极光、地磁、地震等地球物理学的各个领域进行合作观测。在南极大陆的内陆进行越冬观测也放在特别重点的位置。美国在南极点，苏联在南磁轴极和难以到达极，法国在南磁极（1962年的位置是南纬66.5°，东经140°）分别建立观测站，在南极大陆内开始第一次越冬。国际极地年的南极观测在超高层物理、气象、冰雪、地球科学等各个领域都取得了很多成果，各国科学工作者也获取了很多新的研究成果，一致感到在和平的环境中进行国际合作观测是卓有成效的，希望继续进一步加强南极观测的国际合作，并把第二年作为国际地球观测合作时期，继续进行了越冬观测。

在国际极地年开始的1957年9月，国际科学理事会（International Council for Science，ICSU）增设了南极研究特别委员会，由于国际合作推进了南极观测，这个特别委员会于1961年改为南极研究科学委员会（Scientific Committee on Antarctic Research，SCAR），来规划和指导南极研究的方向。

人类刚跨入21世纪，由国际科学理事会发起新一轮国际极地年计划，即在2007—2008年，为纪念1957—1958年国际地球物理年开展50周年，启动第四次国际极地年。第四次国际极地年计划是一个全球规模宏大，各国积极参与，应用最新技术信息和后勤保障，围绕变化中的地球系统对极地系统的作用和反作用开展具有时间和空间尺度，具有生物、海洋、大气、岩石的圈层作用，星球之间相互影响以及人类干扰因素等集成的关键过程研究。

第四次国际极地年的国际科学计划涵盖11个领域：极地大气、北冰洋、南大洋、格陵兰冰盖和北极冰川、南极冰盖、亚冰川水生环境、永久冻土、地球结构和极

地的动力学、陆地生态和生物多样性、极地社会和社会进程以及人类健康。第四次国际极地年观测活动，极大地丰富和提高了人们对全球气候和环境变化的了解和预测能力。

　　向东流动的白色随风起伏的埃里伯斯火山（3794
米）的烟羽，映着朝阳能清清楚楚地看到缓慢白色斜面
的阴影延伸到特拉山（3230米）上，中间有更低的特
拉诺巴山（2230米），让人想起父亲埃里伯斯，母亲
特拉，夹着孩子特拉诺巴的姿态，看上去给人一种温暖
的人间亲情。三座美丽的山东西排列在罗斯岛中心，东
西、南北都距90千米，大致形成三角形的火山岛。在埃
里伯斯西麓的罗伊兹角有世界最南端的阿德雷企鹅巢，
在东端的格罗加角南面有帝企鹅巢。从埃里伯斯山向南
延伸的半岛尖部的哈德角有美国的麦克默多站和新西兰
的斯科特站，夏季有1000多人在那里从事科学考察，成
为南极人口最多的地方，麦克默多站港是世界最南端能
航行船舶的海港。罗斯岛北侧的罗斯海，夏季变成开水
域，南侧伸展着罗斯冰架。斯科特探险队是在罗斯岛被

发现61年后的1902年1月21日第一次登陆这里。

　　1907—1909年建立的沙克尔顿队小屋和斯科特小屋，分别作为名胜古迹很好地保留下来。小屋由斯科特站的人们进行管理，探险队使用的东西原原本本地保存在那里，如100多年前的饼干、罐头、睡袋、饮食用具等，到过此处的人们使用后会别有一番感触。

南极斯科特小屋

美国麦克默多站

　　麦克默多站是为国际地球物理年预先准备的，美国于1955年在罗斯岛的南端哈德角开始建设。同年，飞机从新西兰的克莱斯特彻奇起飞到达这里，夏季大多使用飞机前往麦克默多站，该站也是一个向内陆的南极点和高原站补给的中继站，并作为夏季的野外考察基地。夏季最盛时进驻700～800人，多时达1000人以上。供大型螺旋桨飞机起落的飞机场建在罗斯冰架上。夏季有5架大型螺旋桨飞机常驻那里。麦克默多站上主要的建筑物超过100栋，有17座燃料库，有教堂。夏季还派驻内科、外科、眼科、耳鼻科、牙科医生。在称为船店的商店有脸盆和衣物、文具类、照相机类，还有专为南极设计的各种礼品；有邮局、理发馆、广播和电视播放室，电视几乎全是录像带，在站的人交替担当广播员，播出每天的消息。在夏季，还设有为研究和调查人员服务的活动中心，有工作人员6名，可预先进行委托，当研究人员到达麦克默多站时，帐篷、睡袋、炊事用品和野外调查等必要的东西就会全部准备就绪。野外需要的粮食也会按提交的目录及时备齐，出发前所有物品都会集中到货车上，然后运到直升机场。直升机负责在考察站点间输送考查物资，这样科学工作者就能专心进行研究。美国南极观测的后勤保障，确实令人羡慕和值得借鉴。

夏季人口密集的麦克默多站，到了冬季就变成100人左右，主要任务是维护基地所有设施，科学研究只有4～5个项目。2月末只留下紧急情况使用的两架直升机和越冬人员，其他飞机和人员全部撤离，一直到8月末第一个航班到来前的6个月，只有越冬队员生活在站上。

美国麦克默多站

美国阿蒙森－斯科特站

　　美国在1957年在南极点建设越冬基地，为了纪念最早到达南极点的两个人，将其命名为阿蒙森—斯科特站。从在南纬90°建成这个站以来，直到现在，一直作为越冬基地。它和俄罗斯的东方站一起，共同作为少数的内陆基地常年开展气象、地磁、重力、极光等观测，另外也成为利用海拔2800米的内陆高原环境进行寒冷医学研究的站点。南极点的考察站在地球的全部地震观测点中虽然离地震带最远，但5级以上的地震也能检测出半数以上。1957－1958年国际地球物理年时的建筑物建在冰盖上，逐渐被雪埋没后反复扩建，1974年左右被埋在离表面5米多的下面。1975年1月，在离开旧建筑物1千米的地方建起了新站。新站直径50米，以高17米的冰穹为中心。在这冰穹中，排列着食堂、居住、观测三栋两层建筑物。冰穹入口左右做成宽1米蒙古包式的铁板隧道。右

侧是汽车库和工作室，左侧是医学研究室和燃料罐。在冰穹的左侧建有比冰穹高的四层高空物理观测栋。在半年极夜的生活中，越冬人员虽然只能在冰穹和通道中生活，但几乎所需物质都能满足。美国新设计的极点站，是特别为队员生命安全而设计的，即使冰穹和通道被雪埋了，也能确保中间有足够的空间。

冰穹入口100米的前方，12个南极条约缔结国的国旗并排成半圆形，它的中心竖立着南极点的标志。但现在真正的南极点在这个标志前150米的地方。

新站建成后，每年近20人在这里越冬。从11月1日到翌年1月间，新站和麦克默多站之间开设正常夏季航空飞行，50多名人员住在基地从事研究和建设工作。

2005年2月，中国代表团访问了美国南极点的阿蒙森—斯科特站。

美国南极点考察站

俄罗斯南极青年站

　　俄罗斯和美国都是在南极观测中最有实力的国家，俄罗斯曾拥有8个越冬基地，常年开展以气象、冰雪、地质、高空大气物理等为中心的观测。俄罗斯考察基地的中枢是青年站，1962年2月建设，其后不断扩充，这个站的队长是整个俄罗斯观测队的总队长。

　　俄罗斯站的建设特色不像其他国家那样只局限在夏季，他们让建筑人员越冬期间也进行建筑物的建设，这就必然会增加越冬人员的数量，青年站的越冬人员经常是130～150人，在全部站中也是最多的。青年站在南纬67°40′、东经45°51′处，在大陆沿岸宽阔的裸露岩地带。青年站不仅基地规模大，建筑物分散，和他们的其他站一样，建筑物间没有通道。所有的建筑物几乎都配有洗脸间和冲水式的厕所。食堂在站的中央，从建筑物到食堂有500～1000米的路程，天气再恶劣每天也得往返

三次，不愧是习惯寒冷民族建设的站，确实让人钦佩。但在天气恶劣的时候也是队长最担心的时候，因南极地吹雪的恐怖对哪个国家的队员都是一样的。

青年站也是数架双发动机的运输机常驻站，大型螺旋桨飞机从莫斯科一年飞来数回，主要是输送人员。

每年派遣破冰船和货船数艘，输送部分人员和物资，在南极卸完货的船在澳大利亚、阿根廷、智利、乌拉圭等地靠港，进行食品补给，再返回南极联合作业。

苏联解体后，俄罗斯根据国家经济状况，对南极观测进行了大幅度调整，主要是减少站的数量，压缩人员，现在越冬站只有4个，而且常驻人员也很少。

俄罗斯青年站

日本富士冰穹站

位于昭和站南面1000千米处，日本在南极冰盖的一个冰穹顶部建立了富士冰穹站，这里海拔3810米。作为冰盖冰穹深层打钻计划，这个站是为了解过去20万年以上的气候变化，冰芯打钻作业从1995年开始。

1984年，日本在南极进行了地形地貌调查，找出冰穹顶部的大概位置。从10米深的雪温推断年平均气温为-58℃。根据积雪层中残留的核试验人工放射性物质的沉积层，判断年降水量是32毫米。为了建设这个观测站，从1990年就进行运输道路建设和燃料罐的输送作业。1991年进行冰穹周围高度和岩盘地形的详细调查，从而决定了观测站的位置。1993年实验孔打钻112米深，为液封打钻孔进行了准备。1994年正式进行基地建设作业，并且完成了开始越冬必要的300吨物资运输。1995年9名队员开始越冬。

在富士冰穹站，有居住观测建筑、打钻场、物资仓库、观测区。居住建筑由8.1米×4.5米宽敞的食堂、观测栋和两座居住栋以及大的发电栋组成，这些建筑是用10厘米的绝热材料护墙板建成的。打钻场是从雪面挖下深4米、宽4米、长21.5米的作业空间，然后盖上屋顶。因液封型打钻机长10米，为了绞盘回转，从雪面挖进7.5米，从带有大窗的打钻控制室进行打钻机绞盘的操作。离居住区50米，设有避难设施，里面设有大型SM100雪上车仓库，在严冬随时待命。建筑物的下风侧是燃料和液封液的储存场，上风侧建有通信天线和气象雪冰观测区，为了防止人为污染，只有观测时才允许进入。

发电是基地运行的心脏，交替使用两台28千伏安的发电机，打钻是用一台28千伏安的发电机。为了防止火灾和保护环境，做饭使用电热器，因气压低于600百帕，做饭必须使用高压锅。生活用水是在水槽里融化雪，用于洗澡和洗刷。为了节省热能，居住和观测房的取暖使用发电机的冷却水进行。

越冬队员由9人组成，其中站长1人、打钻2人、冰

220

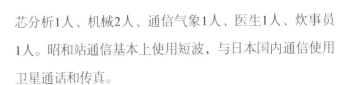

芯分析1人、机械2人、通信气象1人、医生1人、炊事员1人。昭和站通信基本上使用短波，与日本国内通信使用卫星通话和传真。

日本富士冰穹站位置

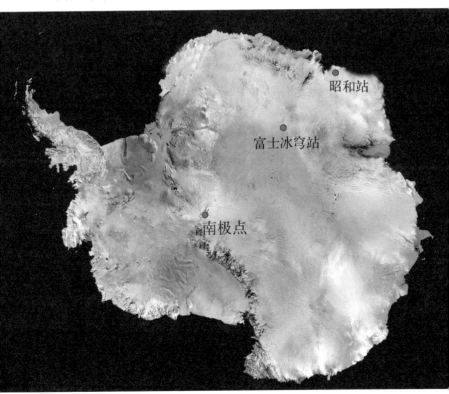

冰下站是指被冰雪覆盖的考察站。

日本在位于昭和站东南250千米的地方设立了日本第二个考察站瑞穗站（南纬70.7°、东经44.3°），海拔2300米，冰厚2000米。这是1971年为了调查瑞穗高原建设中断点在冰原建起的建筑物，其后被吹雪掩埋。1979年和1981年又全部挖洞增建了小的建筑物，而且与原建筑物同样高。现在冰上安装了气象观测塔、天线、圆顶雷达等。因作为野外调查基地，主要也在夏季维护，从1976年5月，队员把全年越冬作为目标，到1978年3月变成考察站，依靠2～6名队员进行气象、冰雪、地磁观测。建筑物有镶板式生活栋、观测栋等三栋，盖着帆布的发电栋两栋，冰雪栋和医疗栋在日本国内是作为冷冻库使用的建筑，绝热性好。这7栋建筑互相用雪洞连接起来。雪洞是从整个基地计划考虑的，大

的雪洞成为堆物场和实验室，挖洞的雪兼作生活用水。从取雪场切出雪块，一块一块地放进化雪池。澡堂有暖气装置，全天供热，过热可加入雪块，不热则用电热器加热。

　　冰下基地最可怕的是火灾，所以一定要特别注意，倍加小心。在紧急情况下，要配置足够4人生活的大型雪上车。

建筑在冰下的日本瑞穗观测站

会走路的科考站

英国南极局的哈雷六号科考站是世界上第一个可移动式科考站，于2013年2月建成。1985年，科考人员在哈雷科考站发现了南极上空的臭氧空洞现象，其被称为"英雄"科考站。哈雷六号科考站坐落在一个漂浮的150米厚的布伦特冰架上（Brunt Ice Shelf）。该冰架35年一直处于休眠状态，但在2012年开始出现一条冰裂隙，第二年以每年1.61千米的速度迅速扩大，严重的是在2016年10月，第二条裂缝出现在科考站以北约17千米处。冰川学家预测，如果哈雷六号科考站不搬迁，到2020年它可能被冰吞噬。

哈雷六号站被设计成可以在冰封的南极冰原上随意移动的科考站，外形看起来像电影《星球大战》中庞大的帝国步行机AT-AT。该科考站所有建筑物都拥有内含液压设备的"腿"，腿上穿着滑雪板，8个庞然大物被串成火车，用长得像拖拉机的履带车辆拖动。

哈雷六号站不但内部设施完备，还考虑了节能环保，其科考站屋顶上安放有太阳能电池板以补充传统的柴油发电机，这种太阳能电池可以在极地夏季到来时使用；还配有一个真空排水系统，这里的液体垃圾是在站内经过处理，达到游泳池水标准后才排放到南极海洋中；除了科研实验室，还有攀岩墙、桑拿房、餐厅、酒吧以及健身房等设施，可使科学家们在工作之余放松休息。依据研究需要和南极的气候条件，科考站最多可以容纳52名研究人员。

英国哈雷六号科考站

中国南极长城站

　　中国南极长城站建成于1985年2月20日，位于西南极的南设得兰群岛乔治王岛（南纬62°12′9″、西经58°57′52″），站区平均海拔高度10米，距北京17 502千米。1997年，国家主席江泽民为中国南极长城站题写站名。

　　长城站的夏季最高气温11.7℃，冬季平均气温–8.0℃，最低气温–26.6℃，空气湿度较大，海风含盐量

中国南极长城站全景图

226

高，全年大风天数多达60天以上。

长城站建筑面积约4082平方米，有大型建筑12座，提供后勤保障人员、交通机械、通信、医疗、生活、居住、能源储存、科考保障等保障条件，可容纳20人越冬，40人度夏。站区拥有多种交通和工程机械设备，能满足冬夏不同季节雪面、路面等多种地形环境下，单人及多人的交通运输保障能力。

长城站建有生态动力学实验室、气象观测站、野外观测台等，主要开展极地低温生物、生态环境、气象、海洋、地质、测绘等科学观测和研究。

长城站是我国第一座南极科学考察站，1984年首次南极考察队建造了1号栋和2号栋，每栋175平方米。1986—1987年又建造了文体栋（175平方米）、科研栋（175平方米）、气象栋（40平方米）、发电栋（460平方米）、8个储油罐（每个88立方米）和车库。1992—1993年建造了食品库（250平方米）和综合库（625平方米）。1995—1996年建造了两层楼的生活栋（600平方米）。2001—2002年建造了新的发电栋（430平方米）。为了不被雪掩埋，建筑物采用高架式。个人宿舍达8平方米，内设有桌子、床、椅子和卫生间。为了防火，建

中国长城站

筑物与建筑物间都隔有一定距离，之间无通道相连，地吹雪时的恶劣天气也给生活带来不便。长城站的科学考察主要是海洋生物、地质、高空物理、地磁、气象、GPS联测等。

长城站拥有驳船、16吨吊车、装载机等大型设备，周围各站经常借用。目前站上的主建筑1号栋被设为历史陈列馆。

HONGGUONANJIZHONGSHANZHAN

中国南极中山站

　　中国南极中山站建成于1989年2月26日，位于东南极大陆拉斯曼丘陵（南纬69°22′24″、东经76°22′40″），站区平均海拔高度11米。1989年，邓小平为中国南极中山站题写站名。

　　中山站的气候比长城站恶劣很多，由于它离冰盖近，受下降风的影响大，最大风速达50.3米/秒，极昼时间55天，极夜时间58天（根据年份略有差别），最低气温达-40.4℃。全年大风天数188天，晴天约220天，紫外线辐射强度大。

　　中山站建筑面积约8000平方米，有大型建筑17座，包括办公栋、宿舍栋、气象栋、科研栋、文体栋及发电栋、车库、油罐等。科考用房有高层物理观测室、GPS观测室、地磁室、固体潮观测室、天文臭氧观测室等。提供后勤保障、交通机械、通信、医疗、生活、居住、

能源储存、科考保障等保障条件。可容纳120人度夏，常规19人越冬（12名保障、7名科研）。

站区具有300千瓦的电力保障，拥有多种交通和工程机械设备，能满足冬夏不同季节海冰、雪面、路面等多种地形环境下单人及多人的交通运输保障能力。中山站是我国东南极内陆考察必经之地，为通往昆仑站、格罗夫山、埃默里冰架区域考察提供有力的航空、地面支撑和应急保障。

进行全年常规观测的项目有：电离层、高层大气物理、大气化学、地磁、固体潮、臭氧和GPS联测等。夏季主要开展生物、地质、冰川和人体医学等观测。中山站南面约1千米处有俄罗斯进步站，两站交流频繁。在站西南面有澳大利亚的夏季站劳基地，只有救生帐篷式建筑，澳大利亚度夏队员只能到中山站洗澡。离中山站100千米的澳大利亚戴维斯站与中山站有联合开展高空大气物理观测项目，他们的直升机经常路经中山站进行仪器设备维修和友好访问，也为中山站提供交通和食品补给之便。

中山站是内陆考察的基地。对冰穹A和格罗夫山的考察就是从这里准备和出发的。

站上食品补给和队员交换是靠"雪龙"号船输送的。度夏一般2~3个月，在此期间开展站务建设、站区科考和内陆冰盖考察，充满了生机，工作效率很高。越冬开展站务维护和常年科学观测项目。

　　在中山站东北方向25千米处，有一个帝企鹅巢，有近万只企鹅栖息在那里。

中国南极中山站

中山站的四季

南极是个缺乏季节感的地方，用习惯了国内季节感的眼光去看南极和冰原上建的考察站，可以说几乎没有季节感。太阳的高度变化，伴随着日辐射强和弱的变化而感到暖和寒。内陆冰原只有酷寒的长冬和短夏的季节感。大陆沿岸，特别在裸露岩地区有微弱的四季感。

开始越冬的3月是中山站的秋天，裸露岩地区的雪几乎都融化了。该季节中的基岩显露出茶褐色的面积是一年中最大的，因为干燥，生长的地衣和藻类也成为黑色，让人感到有些干枯。进入5月，极昼终结，天色变暗，开始能看到极光，气温也降到–10℃以下，感觉冬季来到，站区常客企鹅和海鸟也不见了。从夏到秋，中山站周围的海也从开阔的水域变成冰原。4月下旬，雪上摩托车就可以在海冰上行驶。秋分（3月21日）一过，日出时间迅速变短。4月的最低气温曾记录过–40℃以下，每天的地吹雪将裸露岩覆盖。5月底，悬挂在北面水平线移动着的太阳不见了，50多天太阳完全落到地平线以下，极夜开始了。7月中旬太阳回归，天气寒冷，到9月份是最寒冷的时期，曾记录过-40℃以下的低温。

春分（9月23日）时，日照超过12小时，太阳辐射也增强。10月中旬昼长夜短，看不到极光。海豹产仔，企鹅和海鸟也从北面的海洋回来，并造访中山站。11月份气温尽管是负值，但受强日照射的地面开始温暖，雪也开始融化，泌出涓流，数日后便能听到潺潺的流水声。

12月是南极的夏季，最高气温也有零上的时候。雪融水流，地衣变绿，冰融化也使湖面上涨，时而见到鸟类在水中沐浴。1月下旬，岩石缝里流水断了，短夏结束。

冰雪中的中国南极中山站

中国南极昆仑站

　　中国南极昆仑站是我国第一个南极内陆科考站，是继南极长城站和中山站后的第三个南极考察站，也是人类在南极地区建立的海拔最高的科考站。昆仑站建成于2009年1月27日，位于南极内陆冰穹A地区（南纬80°25′01″、东经77°06′58″），距中山站1258千米，高程4087米，平均海拔4090米，坐落在厚3500米的冰上面。2010年，国家主席胡锦涛为昆仑站题写站名。

　　昆仑站年平均温度-56℃，夏季-25～-45℃，目前所观测到的最低气温为-82℃，紫外线强度大。昆仑站现有建筑面积约558.21平方米，分为生活区和科研区。

　　昆仑站目前只有度夏队，规模约为25～33人，通过内陆车队和固定翼飞机运送考察队员和设备到达站区。昆仑站主要开展冰川学、天文学、地球物理学、大气科学、空间物理学等科学研究，重点开展深冰芯钻探试验和天文望远镜建设等重大工程。

从科学考察角度看，南极有四个最有地理价值的点，即极点、冰点（即南极气温最低点）、磁点和高点。

2005年1月18日，中国第21次南极考察队从陆路实现了人类首次登顶冰穹A。同年11月，中国又首次对中山站与冰穹A之间的格罗夫山地区进行为期130天的科学考察活动。由于率先完成对冰穹A和格罗夫山区的考察和环境影响评估报告，中国最终赢得了国际南极事务委员会的同意，在冰穹A建立考察站。

中国南极昆仑站

国家海洋局2008年10月16日公布了南极内陆站的站名——"中国南极昆仑站"。这个站名是经过网络征集的，因为"昆仑"在我国历史文化中具有重要意义。长城是我国著名的人文景观，中山是取孙中山先生的名字，而昆仑则是自然景观，这几个名字相得益彰。该站建在南极大陆的最高点，而"昆仑"意味着高山，象征着制高点，因此最终入选。

建筑按照功能分为住宿区、活动区和保障区，包括宿舍、医务室、科学观测、卫星通信、厨房、浴室、厕所、污水处理、发电机房、锅炉房、制氧机房和库房等。

考察站的室内设计与家具都选用温暖、艳丽的色彩，目的是给驻站人员一个足够大的交流空间。在每个床头还有一个供氧终端，科考队员通过它可以补充氧气，以缓解缺氧造成的不适。位于南极最高点的冰穹A，含氧量仅有海平面的60%。不仅如此，冰穹A的温度非常低，即使夏季，平均温度也在-30℃左右，科考队员在室外活动很容易疲劳。为此，除淋浴之外，在浴室里硬"挤"进了一只浴桶，它既可缓解疲劳，也能让人迅速恢复正常体温。

昆仑站的天文台

　　昆仑站天文观测台，是地球上最佳天文台址，所在的冰穹A地区具有优越而独特的天文观测条件，可谓地球上独一无二的观测天文的场所，远优于南极点、冰穹C、冰穹F等其他台址。冰穹A上空大气湍流边界层平均高度13.9米，在离地15米即能获得0.3角秒的视宁度，可与空间天文观测条件相媲美。红外天空背景亮度极低，特别在K段比国内外常规台址暗50～100倍；上空可沉降水汽含量只有60～100微米（智利沙漠5000米高山为1毫米），将打开地面太赫兹天文观测新窗口。

　　2015年，中国第31次南极科学考察队内陆队完成了昆仑站的一台由我国自主研发的南极巡天望远镜安装和调试工作，并投入观测运行。正是这台望远镜，在参加引力波源国际联测中做出了杰出贡献。

　　北京时间2017年10月16日22时，美国地基先进激光

干涉引力波天文台（LIGO）和欧洲"室女座"引力波探测器（VIRGO）科学合作组及全球各主要天文台同步发布重大天文学发现：2017年8月17日，引力波望远镜LIGO和VIRGO看到第五例引力波事件，之后中国南极昆仑站的南极巡天望远镜AST3-2与众多国际天文望远镜联合观测，首次发现引力波源的电磁对映体，确定该引力波事件起源于两颗中子星并合所产生的时空涟漪，人类有史以来终于既"听"到也"看"到了引力波发射过

昆仑站天文台

程。这一发现标志多信使天文观测时代正在开始，将作为一个重要里程碑载入天文学发展史册。

中国南极昆仑站的南极巡天望远镜AST3-2是南极地区最大口径的天文光学望远镜。在引力波源信息发布大约一天内，AST3-2开始对该引力波源所在天区进行持续光学监测。这次监测历时10天，发现引力波源的电磁对映体，获得的光变曲线与巨新星理论预测高度吻合。AST3-2 的监测数据结合国际其他望远镜观测结果，提供了认识双中子星并合物理过程的关键信息。

中国南极泰山站

中国南极泰山站为度夏考察站，用五岳之首的泰山来命名。该站位置坐标为南纬73°51′、东经76°58′，海拔高度2621米，冰盖厚度1900米，北面距中山站约522千米，南面距昆仑站715千米，西面距离格罗夫山地区85千米。

泰山站坐落在东南极冰盖伊丽莎白公主地，该地区表面地势和冰下地形平坦，坡度约为0.35°，冰盖底部无融化现象，冰盖水平流动量小，冰川运动速率在20米/年的范围内。

泰山站年平均温度-36.6℃，规划可满足20人度夏考察生活，主体建筑410平方米，辅助建筑590平方米，总建筑面积1000平方米，设计使用寿命15年。站区建设有固定翼飞机冰雪跑道，专为我国"雪鹰601"号固定翼飞机提供机场。

泰山站于2013年年底开始建设，2014年2月8日完成主体建筑建设任务。泰山站选择快速、易建造的装配化钢结构体系，建筑材料能够抵抗强风、暴雪、酷寒、冻融、冻胀、强紫外线照射、盐蚀等各种不利因素，主材料采用耐低温的特种钢。建筑物位于风场下行区，每年都会有积雪，建筑造型有利于大风通过，建筑整体架空，下方风力加大，可吹走积雪。外层保温为10毫米氟碳彩钢聚氨酯夹芯保温板，结构层（空隙填玻璃纤维保

中国南极泰山站

温棉），内层为50毫米彩钢岩棉夹芯板（A级防火），10毫米防火板，集成装饰板，保温效果十分明显。

泰山站也是我国内陆考察的中继站，向南可为中国南极昆仑站提供中转功能，向西还可为格罗夫山考察提供重要支撑。因此泰山站定位是一个中转枢纽站，具备科学观测、人员住宿、发电、物资储备、机械维修、通信及应急避难等功能，配有车库、机场、储油设施。

目前泰山站主要开展冰川和气象学观测、空间物理学观测，并配置与以上观测系统相匹配的远程通信遥控自动供电系统，可实现部分设备在冬季无人值守情况下连续运行。

南极的文明

　　我们在山上架设帐篷时应考虑什么？首先想到的是水和厕所。在南极也一样，怎样确保生活用水，厕所的污物怎样处理是个大问题。看一个考察站的文明程度时，水和厕所是一个重要的尺度。

　　在选站址时，我们把解决水的问题放在十分重要的地位，中国中山站和长城站站区都有湖泊，不用为水而烦恼，这让周围一些国家的考察站人员十分羡慕。在建站初期，没有上下水道和厕所，夏季用雪融水形成的小溪里的水，冬季用潜水泵将湖水打到水箱然后使用。由于水箱小，使用时间短，所以频繁地泵水是不可避免的。碰上暴风雪天气，泵水失败是常有的事。现在站上供水系统得到很大改善。供水系统能随时将水送到食堂、洗澡间、洗手间和厕所。污水经污水处理系统处理后排海。初期，包括美国的麦克默多站和日本的昭和站

在内的考察站中，小便用大桶，大便使用防水袋或汽油桶替代，现在主要的建筑物中全部用漂亮的冲洗马桶。新西兰斯科特站新建的建筑物中，男女洗手间、洗澡间和厕所也都分开，南极各站正在进入新的文明时代。

中山站供水地——莫愁湖

中国"雪鹰601"号固定翼飞机

"雪鹰601"号，身长20.65米、宽2.34米、高2米，空机质量7100千克，最大起飞质量13 000千克，最大载重4725千克，载人数量18人。最大航程3440千米，最大航速298千米/时，机组及保障7人，组队规模15人左右。

"雪鹰601"号为中国首架南极固定翼飞机，"十一五"期间，中国南极计划为建设昆仑站，配套购买了一架BT-67机型飞机，该飞机由美国Basler公司改装自第二次世界大战期间的DC-3机型。相较于原机型，新的BT-67飞机，在继承DC-3飞机良好的气动外形的基础上，对飞机的发动机、电子、通信设备和起落架等进行了更新，几乎是一架全新飞机，也是目前各国在南极使用的主力机型之一。同时，该飞机配备了世界先进的机载地球物理遥测设备。"雪鹰601"号固定翼飞机于2015年10月6日正式验收移交，委托加拿大Kenn Borek Air公

司托管，于2015年11月投入南极科学考察使用。

世界上只有少数几个国家在南极拥有集快速运输、应急救援和航空科学调查于一体的多功能固定翼飞机，中国的"雪鹰601"号正是集这三大用途于一体的飞行装备。

2015年1月10日，中国首架极地固定翼飞机"雪鹰601"号成功飞越位于南极冰盖最高区域、海拔超过4000

"雪鹰601"号飞机

米的南极昆仑站。然后，飞机不落地持续飞行，安全返回中山站。本次飞行航程达2623千米，持续飞行时间9小时4分钟。这标志着"雪鹰601"号具备了投入极地考察使用的条件。

2015—2016年，在中国第32次南极科学考察期间，"雪鹰601"号飞机执行任务96天，其中南极停留81天，总飞行时长264小时56分；2016—2017年，第33次南极科学考察期间，执行任务115天，其中南极停留95天，总飞行时长312小时54分。两次考察共完成科研测线28条，总计测线里程64 500千米，覆盖面积约86万平方千米，获取了大量伊丽莎白公主地航空重力、磁力以及冰雷达等关键数据，发现了所观测区存在的冰下湖、冰下大峡谷等。

2017年1月8日，"雪鹰601"号从南极中山站附近10千米处的冰盖机场起飞，前往海拔4093米的南极内陆冰盖最高点——昆仑站，这是"雪鹰601"号首次降落南极冰盖之巅，也是南极航空史上该类机型首次飞抵这个区域，不仅刷新了"雪鹰601"号在南极的飞行历史，也标志着中国极地航空保障体系的进一步成熟。

中国"雪龙"号破冰船

中国"雪龙"号破冰船,是中国第三代极地考察船。

第一代船是中国首次南极考察使用的"向阳红10"号船,它是一艘普通科研船。第二代是1986年开始使用的"极地"号船,它是一艘抗冰船。现在使用的"雪龙"号船,是考察运输破冰船。船体长167米,宽22.6米,型深13.5米,是一艘比较现代化的破冰船,以3节的速度能破1.1米厚的冰。主机功率13 200千瓦,排水量21 025吨,装载量10 225吨,续航力2万海里。要穿越漂浮着冰山的南极海,破冰船是必需的。

阿蒙森的"弗拉姆"号船的船底,经特殊设计成尖形,有一定抗冰能力,是进出南极最早的抗冰船。而1914年沙克尔顿队的"恩迪兰斯"号在威德尔海被冰压坏而沉没。1981年也发生了同样的事故,同年12月18日,联邦德国的观测船在维多利亚地的洋面被流冰撞击沉没，这些船都不是抗冰船。

尽管南极考察的经验丰富了，但南极的自然环境丝毫没有改变。拥有性能良好的破冰船是进入南极的关键。美国在南极观测使用多艘破冰船。苏联也有多艘破冰船，还使用了"列宁"号核动力破冰船。破冰船的船体被设计成非常强的钢体，船体骑到冰上并靠重量把冰压破，为了使船体易开到冰上，船头被设计成圆弧形，船的前后有水舱，从一个水舱把水送到另一个水舱，使船体前后摆动。

与"雪龙"号船相当的破冰船，有美国的"极地星"号、俄罗斯的"弗德罗夫"号、德国的"极星"号和日本的"白濑"号等。现在已是大型破冰船活跃在南极的时代。

中国"雪龙"号破冰船

冰雷达探测

  中国冰川学家于2004—2009年在南极冰盖上运用新一代车载冰雷达探测开展的地球物理工作，成功获取了距离海洋超过1200千米的冰穹A地区的冰下地形，在国际上首次揭示出南极冰盖下甘布尔采夫山脉核心区域高山纵谷的原貌地形，在研究南极冰盖的起源与演化方面取得了突破。研究发现，冰穹A区域冰层厚度为1649～3135米，有着巨大的区域性变化，冰层下的甘布尔采夫山脉记录着不同地质年代因不同外力作用而产生的地貌：早期流水作用形成的溪谷河床群构成的树枝状地貌，之后经冰川作用叠加出冰斗状、刀脊状等地貌特征；继而在强烈冰川侵蚀作用下产生巨大"U"形主干谷地貌，谷底与谷肩的垂直落差高达432米。研究发现，冰下地形所呈现出的高山纵谷交错的地貌特征，与包括冰穹C在内的南极冰盖其他区域较为平缓的冰下地形有着显著差异。提供的直接证据表明，南极冰下甘布尔采夫山脉曾经存在发育完善的河流水系，距今3400万年前开始出现冰川，伴随地球轨道周期变化，气候变冷，冰川覆盖区域渐次扩张。甘布尔采夫山脉作为南极冰盖的一个关键起源地，在距今3400万年至1400万年间，山脉经历了冰川运动强烈侵蚀作用，当时东南极中心区域夏季温度出现至少不低于3℃的温暖期。自过去1400万年以

车载冰雷达探测

来，因冰盖规模快速扩张，山脉被冰层完全覆盖封存，冰层冻结在基岩上，冰下地貌特征得以保存至今。冰盖表现出超强的稳定性，揭示南极冰盖的起源与演化机制具有突破性意义，主要在于部分揭示了"温室地球"向"冰室地球"演变的细节，为研究南极冰盖演变、大气二氧化碳浓度及其温室效应与全球气候变化的关系提供了重要信息。

自从有了"雪鹰601"号，中国的南极内陆考察如虎添翼。中国第32次（2015—2016年度）和第33次（2016—2017年度）南极科学考察队，在冰穹A、伊丽莎白公主地使用新的机载地球物理探测方式探测了以中山站为起点，涉及东南极伊丽莎白公主地，南极甘布尔采夫山脉冰下山脉，兰伯特大裂谷和极光冰下盆地，Ridge B和东方湖的广大地区。基于目前的探测结果，已初步得到三大重要发现：首次实地探明地球表面最大的峡谷存在于东南极伊丽莎白公主地的冰盖底部；南极冰盖底部最大的融水流域和湖泊发育地在伊丽莎白公主地；伊丽莎白公主地深部冰层呈现大范围暖冰现象。

太阳能发电

在南极因纬度高太阳高度低，往往认为不能利用太阳能作为自然能，但实际上按年累积算，南极日平均太阳的辐射量和国内有同样程度的太阳辐射量，只不过南极有太阳不落和不出的时期，日累积太阳辐射量值差别大，利用起来不方便。使用太阳能前，可将太阳能电池朝向正北，保证水平面的固定倾斜度和安装场所的纬度相同，再考虑各站实测的云量数据和从雪面的反射成分等来计算发电量。尽管内陆站冬季发电量少，但一年中远比沿海地区有利，这是因为越向内陆，晴天天数越多。

日本昭和站1997年开始安装太阳能发电设备，1998年有20千瓦太阳能电池和柴油发电机开始连接运转。太阳能发电量占现在昭和站发电量的2.1%，可节约8000升的燃料，这个值比当初预测的值要大。原因是：①空气清净，被大气吸收的太阳能量少；②气温低，发电效率

好；③周围的雪和冰反射光的成分大。

太阳能发电虽价钱昂贵，而且安装太阳能电池板比较麻烦，但它寿命长，不需维护保养。在南极，太阳能发电和风力发电将是有应用前景的天然能源。

南极中山站的太阳能发电装置

越冬生活

越冬生活

越冬生活

越冬生活

越冬生活

越冬生活

每年12月份（中国长城站）或者1月份（中国中山站）进行新旧越冬队员交换，在长城站结束越冬的队员乘飞机回国；中山站越冬队员则继续参加新的考察队的夏季工作，2月份上船休息，待命返回祖国。

新的越冬队员将自己带来的器械设备进行安装、调

中山站越冬队员的宿舍楼

试，做好越冬准备。1—3月是最忙的时候，进入4月，白天变短，天气变冷，在外面作业变得十分艰难。站里几乎所有人7点起床，7:30—8:00早餐，8:30—17:30是工作时间，中间有短暂午餐，18:00晚餐，忙时还要加班。担任气象、极光观测和通信的队员因夜间有工作，过着晚睡午后起床的生活。为了遵守基地的安全规定，发电栋、给排水系统的器械一天要进行多次巡查，检查有无异常，这种检查在夜间也要进行，一般是由值班人员负责，安全责任制是确保观测和基地安全的重要保障。6—7月是极夜月份，因此，户外工作尽量要在极夜之前做完，冬季时观测记录都自动完成。在冬季，许多观测队员利用极夜时间学习专业知识；站长还安排各种各样的学习班，称为"南极大学"。

对南极越冬队员来说，12月是一个盼望的月份，一方面计算着"雪龙"船到来的日子，回国与亲人团聚即将变为现实；另一方面也为迎接新队员做着各种准备……

元旦前后，考察队员读着来自故乡和家人的信件，充满了一年来一个又一个回忆……

内陆调查

要了解冰盖的厚度、岩石的构造、南极大陆的姿态和形状等，都需要反复深入内陆调查观测。

20世纪90年代，国际合作开展了南极内陆冰盖断面考察计划。中国南极考察队的内陆调查，主要承担中山站到南极最高冰穹A的断面。在20世纪末连续开展的3次内陆冰盖考察基础上，中国至今已进行了十多次的内陆冰盖综合考察。

为便于长途旅行，内陆冰盖考察队的设备简捷方便，进餐室、居住室和工作室分开。炊事使用罐装煤气。食品大多是航空餐，按早、中、晚三餐预先备好，食品只有3～4个品种，同样的食品几天就要重复一次，单调极了。厕所和飞机上使用的完全一样。在-30℃的气温下，脸部的皮肤被紫外线灼伤，感觉比寒冷更难以忍受。温度一旦低于-40℃，燃料便开始结冻，要不停地给予加温，车内温度一般在0～5℃左右。服装多采用连体羽绒服、厚衬衫和毛衣，帽子、靴子、毛袜和手套都是从澳大利亚购置的。这些个人装备都是为极地考察而专门制作的。

内陆考察的主要运输工具是雪上车，雪上车后边牵引着数目不等的雪橇，上面载着乘员舱、生活舱、发电舱、航空煤油、汽油、科考仪器和队员们赖以生存的各种食品和物资。驾驶室配有GPS全球定位系统、雷达和高倍望远镜。

挺进冰穹A

格罗夫山考察

在中国中山站西南部460千米的地方，有一块面积3200平方千米，出露64座冰原岛峰，此前没有任何国家开展科学考察的空白地，那就是蓝冰铺盖、冰山起伏、岛峰林立的格罗夫山。中国南极科学考察队是世界首个前往这里进行地质考察、绘制格罗夫山地形图、开展冰雪考察、寻找陨石等的队伍。

1997年，中国第15次南极科学考察队一行4人驾驶雪上车进入格罗夫山地区，探明了通往格罗夫山的道路、山区的自然环境和生存条件，为以后的考察打下了基础。令人兴奋的是，在这里发现了4块陨石，从而使中国成为南极陨石拥有国。1999年12月21日，中国南极科学考察队的3辆满载着考察物资的大型雪上车和2辆雪上摩托车从俄罗斯进步站出发，奔向格罗夫山，实施第二次野外考察。10名队员团结奋进，克服了种种艰难险阻，

雪上车

胜利地完成了预期的各项科考任务，并回收了28块陨石，在南极地图上继美国、日本之后又添上了中国人率先发现的格罗夫陨石富集区。2002年，为探查陨石，中国第19次南极科学考察队利用3辆大型雪上车又奔赴格罗夫山地区，经过夜以继日的寻找，回收了4448块陨石。

至今中国已回收南极陨石12 000多块，这个数字仅次于日本和美国，居世界第三位。

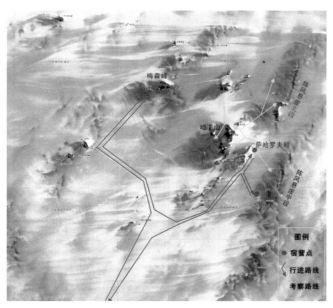

梅森峰

哈丁山

萨哈罗夫岭

陡风悬崖北段

陡风悬崖中段

图例
● 宿营点
← 行进路线
考察路线

格罗夫山考察路线

　　中国科学家在对格罗夫山的考察中，在地质和冰川领域取得了多项突破性成果：首次在格罗夫山区获得连续观测4年的天然地震数据；第一次在文森峰地区找到高压麻粒岩样品；在格罗夫山区首次探知1500米深度的山前冰下盆地地形。这些成果对于南极冰盖历史重建以及古气候环境恢复具有重要的科学意义。

 # 南极考察的女性队员

南极号称男性的世界，女性即便有也是寥若晨星。尽管每次在召开南极条约协商国会议上，许多国家一再呼吁南极考察应该注意性别平衡，但自国际地球物理年开始后也未能改变这种局面。这一方面是因为南极的自然环境恶劣，设备不足；另一方面是冬季救援能力十分困难，这对于女性的长期生活有着许多不便和困难。

第一次登上南极大陆的女性来自挪威。第二次世界大战以后的1947—1948年，美国的龙尼率领探险队在南极半岛的斯特尼顿越冬，这是龙尼夫人和另一名女性第一次在南极越冬。

随着南极考察的发展和进步，南极各站的设施得到了很大改善，派遣女性参加南极考察的国家也增加了。几乎所有在南极建有越冬站的国家，都尝试过让女性在南极越冬。

夏季，美国的麦克默多站和新西兰的斯科特站上每年都有几十位女性活跃在基地上，有科学工作者、医生、研究助理、秘书、司机等。到1983年，麦克默多站有11名女性，南极点站有5名女性参加了越冬。

1982—1983年，麦克默多站的运动中心副主任就是一位越冬女性，她叫菲尔德森塔，一位28岁的单身女性。越冬的工作是维持运动中心和对58台雪橇、帐篷、睡袋等的修理，这些事情都由她一个人负责。她在大学是学生物的，从1979年开始连续两年来麦克默多站工作，非常热爱南极，一直到她成为越冬队员。

之后，美国参加南极考察队的女性越来越多，偶尔也有夫妻同行的，夫妇同时在南极进行研究似乎被认为是有好处的，这可能是因为夫妻同行能互相关照，克服孤独。

俄罗斯赴南极的考察船上，有女性科学工作者和从事杂务的女性，但参加考察队的女性不多，参加越冬队的女性就更少了。

1970—1971

中国南极首次越冬女队员

年，新西兰怀卡托大学把女科学工作者作为队长选派到德赖已雷来进行野外调查，开创了女性任队长的先河。

1990年，德国在诺伊迈尔站上的9名越冬考察队员全部是女性，考察队由外科医生任队长，有气象观测2名、地球物理观测2名、通信1名、机械人员2名、炊事员1名。这也是南极至今第一次全部女性越冬的尝试。

韩国于1996—1997年度派选1名女性参加南极越冬，担任站医工作。日本队39次队有2名女性参加南极越冬，当时在日本引起了广泛关注。

中国在未建站前就派出女性赴国外站进行考察。早在20世纪80年代就有中国女科学家参与国际南极考察。1983年11月，中国科学研究院地球化学研究所的女科学家李华梅应新西兰政府邀请，参加了新西兰斯科特站的度夏科学考察活动。李华梅在罗斯岛和维多利亚地干谷区考察了第四纪沉积物、火山岩系，回国后发表了一系列科学论文。

1999—2000年，中国首次选派国家海洋局极地考察办公室管理人员赵萍和北京同仁医院外科大夫林清2名女性在中国南极长城站越冬。她们不但克服了严酷的自然环境和孤独冬季之苦，还有思亲之痛，坚持考察365天后凯旋。

南极地名的基准

打开南极地图，一眼就能看到南极半岛、毛德皇后地、恩德比地、威尔克斯地、维多利亚地等地名。这些地名几乎都来源于人名。南极半岛，早先美国人曾叫帕默半岛，英国人叫格拉哈姆地。1964年太平洋学术会议上统一定为南极半岛。但主张拥有南极半岛领土权的智利称为奥伊金斯地，阿根廷叫圣马丁地。

这样的地理地名，因把风情和历史作为命名背景，增加了复杂性。南极地名的随意性也带来了各种各样的问题，国际上呼吁进行充足的信息交换，将地名标准化，用同样的基准命名。

中国绘制南极考察站周围的地图由国家测绘局承担，地名多由他们命名。有的根据地形、地貌命名，如长城站的平顶山、双峰山、高山湖、化石山等，中山站的馒头山等就是根据其形状命名的；有的用国内的山

名、地名、湖名等命名，如长城站的西湖、鼓浪屿等，
中山站的阿里山、八达岭等。

法国和意大利共建的南极康宏科考站

《南极条约》

　　1957—1958年国际地球物理年的南极观测活动被认为是一个科学上的奥林匹克盛会。但南极领土主张会阻碍这种深入认识南极的活动，比如，中国长城站建设的地区是智利的领土权主张区。

　　若我们要永久地维持我们的考察站，在智利看来，是进入了他们国家的属地。另外，领土权主张国因把部分南极说成是自己国家的领土，在那里建设军事基地，进行核试验，未知大陆的天然属性瞬间将被破坏。美国向参加南极观测的其余11国提出缔结一个以和平利用南极作为目的的条约。经过多次反复酝酿，最终于1959年12月1日，由缔约国代表签署了《南极条约》。这个条约得到各签约国政府的批准，于1961年6月23日开始生效。《南极条约》承认为了全人类的利益，南极洲应永远专为和平目的而使用，不应成为国际纷争的场所或对象；确认在国际合作下对南极的科学调查，为科学知识做出

重大贡献；确信建立坚实的基础，以便按照国际地球物理年期间的实践，在南极科学调查自由的基础上，继续和发展国际合作，符合科学和全人类进步的利益；确信保证南极只用于和平目的和继续保持在南极的国际和睦的条约将促进《联合国宪章》所体现的宗旨和原则。

《南极条约》的规定适用于南纬60°以南地区。

《南极条约》最初有12个缔约国签署，其后不断有国家承认和加入，至今有53个缔约国。在遵守《南极条约》的基础上，任何国家在南极的活动都是自由的。我国先后派遣科

《南极条约》会标

学工作者分别到澳大利亚、新西兰、日本、智利、阿根廷等国的基地开展合作研究和科学观测。外国的科学工作者也参加中国南极考察队，分别到长城站和中山站进行合作研究。

国家间的基地相互访问，不用所在国家签证，只要事先打个招呼，都会受到热烈的欢迎。科学观测所需要的国际合作，在《南极条约》框架下都出色地实现了。因此，《南极条约》的成功实施，为人类成功管理地球遗产提供了典范。

南极条约协商国

　　南极条约协商国（简称ATCM）是国际政府间管理南极政治事务的组织。20世纪以来，领土主权曾一度成为南极的焦点问题，英国、澳大利亚、新西兰、法国、智利、阿根廷、挪威先后对南极提出了领土主权的要求。为此，在1957—1958年国际地球物理年期间，在南极考察活动结束后，美国邀请苏联、日本、比利时、南非以及上述有领土要求的共12个国家的代表，在华盛顿签署了冻结一切领土主张及资源开发的《南极条约》。中国于1983年加入《南极条约》。

　　南极条约协商会议是根据《南极条约》建立的定期议事机制，是南极国际治理中重要的政府间多边会议。《南极条约》目前共有53个缔约国，其中有29个国家因在南极开展实质性科研活动而成为拥有决策权的协商国。

　　2017年5月22日至6月1日，第40届南极条约协商会议

和第20届南极环境保护委员会会议在北京召开。本届会议是中国自1983年加入《南极条约》、1985年成为南极条约协商国以来首次举办这项会议，有42个国家和10个国际组织的近400名代表报名参会。会议主要议题包括南极条约体系的运行、南极视察、南极旅游、气候变化影响、南极特别保护区和管理区等。中国依惯例发表《东道国新闻公报》，总结本届会议情况和取得的主要成果。此外，中国还举办了主题为"我们的南极：保护与利用"特别会议，发布《中国的南极事业》报告，与美国、俄罗斯、德国等国签署极地合作谅解备忘录等。中国还积极推动会议讨论通过由中国牵头并联合美国、澳大利亚等国提交的绿色考察倡议。

南极条约缔约国的分布（红色为非缔约国）

南极大陆的领土权

　　南极大陆和周围岛屿的领土权宣称是依据相关国家的探险历史提出来的。1908年，英国第一个正式宣布南极大陆的领土权。英国依照探险的历史，开始主张南极半岛，将涉及从罗斯海恩德比地一带广阔的地区，作为自己的领土主张。其后，英国将从罗斯海到东半球地区的权利转让给了英联邦的澳大利亚、新西兰。罗斯海一带现在作为罗斯属地（Ross Dependency）是新西兰领土主权宣称地区，并做成邮票发行。在北极地区，环北极的八国宣布从本国东西两端的子午线和极点连接的扁形区作为本国领土，这个方式没有被国际所承认。在南极，一些国家也把调查南极大陆、大陆沿岸和南极点连成的扁形地区划为自己的领土。只有挪威没有采取扁形区的方式，只是沿岸区。从西班牙统治下独立的阿根廷和智利主张继承全部西班牙的权利，宣布领土所有权。这两个国家离南极最近，发行自己国家的地图，同时也

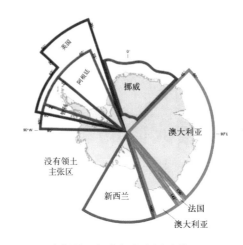

南极地区领土权主张国及范围

把所宣称的南极领土包括在内。在南极半岛，英国、阿根廷、智利三国所宣称领土相互重叠，由此引发了国际纷争。

随着《南极条约》的生效，在条约的签约国间，冻结了有关南极大陆的所有权问题。我国是《南极条约》的协商国，按照《南极条约》，中国南极考察队的活动限度不管到澳大利亚的戴维斯站，还是到智利的弗雷站，无须办理澳大利亚和智利的签证，可自由活动。在中国领土以外，中国人能自由出入的只有南极地区。但途经其他国家时，还是需要该国允许和登记。

尽管在长城站和中山站周围的地区用中国的地名命名，但中国并没有宣布这些地区属中国领土，这是符合《南极条约》精神的。

南极特别保护区和特别管理区

南极洲仍属主权未定的大陆。1961年生效的《南极条约》冻结了对南极的领土主权要求之后，对南极和人类南极活动的管理主要体现在环境和资源方面，而设立南极特别保护区和特别管理区是一项重要的环境管理举措。

1964年，在第3届南极条约协商会议上，南极条约协商国通过了《南极动植物保护议定措施》，首次提出在南极设立"特别保护区"（SPAs）的概念。特别保护区是用来保护一些具有重大荒野价值、环境价值、科学价值、美学价值、历史价值的区域。南极特别保护区的选择和建设在一定程度上反映了一个国家的南极科学研究水平。

截至2017年12月，已设立了75个南极特别保护区（其中2个到期注销）和7个南极特别管理区，总面积分别达4000平方千米和5万平方千米。其中，大部分保护区主要以动植物、动植物栖息生长地或者生态系统作为保护内容，以保护其显著的环境价值和科学价值，小部分

保护区则以保护其重大的历史价值、美学价值或者荒野价值为主。

我国单独提出并于2008年获准设立了格罗夫山哈丁山南极特别保护区。该保护区位于南极内陆格罗夫山中部的哈丁山一带，长约12千米、宽约10千米，呈不规则四边形，岛链状分布的冰原岛峰构成了山脊纵谷地貌，保留着冰盖表面升降的遗迹，分布着自然界罕见的、极易被破坏的典型冰蚀地貌与风蚀地貌，具有重要的科学价值和罕见的荒野价值与美学价值。

2002年，依据《关于环境保护的南极条约议定书》附件5"区域保护及管理"的规定，第25届南极条约协商会议通过了决定将各类南极保护区重新划分为"南极特别保护区"和"南极特别管理区"两类。

根据南极特别管理区的定义，在南极的任何地区，包括海洋区域，只要是正在从事人类活动或将来可能从事人类活动的区域均可被指定为南极特别管理区，以协助规划和协调活动，避免可能发生的冲突，增进南极条约协商国、缔约国之间的合作或最大限度降低人类活动对环境的影响。总体上，南极特别管理区包括以下两类区域：①人类活动较多，需要进行协调和规划的区域；②被认可具有历史价值的遗址和纪念物。不同于南极特别保护区，南极特别管理区不实行许可证制度，在管理区内活动的人员或组织需严格遵守各区管理计划所设立的行为守则，而位于南极特别管理区内的南极特别保护区则严格实行许可证制度，以达到保护其重大环境价值、科学价值、历史价值、美学价值或者荒野价值的目的。

我国与澳大利亚等国联合设立的东南极拉斯曼丘陵南极特别管理区，面积为40平方千米，地处东南极伊丽莎白公主地普里兹湾东南岸，是南极第二大"绿洲"。这类沿岸"绿洲"在南极相当罕见，拉斯曼丘陵属于典型的生物地理区域，具有重要的环境、科学和后勤价值。我国南极中山站就位于拉斯曼丘陵地区。

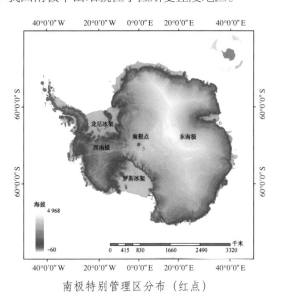

南极特别管理区分布（红点）

南大洋海洋保护区

　　2016年10月28日，由来自24个国家和地区以及欧盟的代表决定在南极罗斯海地区设立海洋保护区。罗斯海地区海洋保护区是全球最大的海洋保护区，面积约157万平方千米，该海域内禁止捕鱼35年，其中，约112万平方千米被设为禁渔区。南极海洋生物资源养护委员会（CCAMLR）是监管南极洲附近海域的国际机构，该委员会采用以科学为基础的预警性措施来管理海洋生态系统。

　　罗斯海是南太平洋深入南极洲的大海湾，位于罗斯陆缘冰之北，维多利亚地与玛丽·伯德地之间（西经158°至东经170°）。罗斯海是由英国詹姆斯·克拉克·罗斯船长率领的皇家海军探险队于1841年1月5日发现并命名的，是南极地区最容易接近的边缘海之一。罗斯海的西部有罗斯岛和伊里布斯山，东部有罗斯福岛，全年覆盖有冰层，分布较多的冰山。

罗斯海是南大洋的一部分，包括从南极洲的罗斯冰架直到南纬60°的海域，几乎在新西兰的正南方。罗斯海的海水营养丰富，因此大量浮游生物和磷虾在这里繁衍生息，同时它们也为大量鱼类、海豹、企鹅以及鲸鱼提供了食物。在全世界其他海域掠食性鱼类大量减少的今天，罗斯海是唯一一个生态环境还没有受到人类大规模破坏，海洋生物链尚未断裂的地方，因此被称为人类"最后的海洋"。

2009年11月在澳大利亚召开的南极海洋生物资源养护委员会第28届会议上通过了一项措施，在公海设立了第一个海洋保护区——南奥克尼群岛南大陆架海洋保护区。2010年5月，南奥克尼群岛南大陆架海洋保护区正式建立。自此以后，海洋保护区在南极设立渐成趋势。

2011年在南极海洋生物资源养护委员会第30届会议上，新西兰和美国分别提出了在罗斯海建立海洋保护区的提议，并获得审查通过。

2012年在南极海洋生物资源养护委员会第31届会议上将两个独立的提案予以合并，形成新西兰—美国联合提案。提案建议的海洋保护区面积达227万平方千米，包括普遍保护区、特别研究区、产卵期保护区。其中普遍

南极小百科 NANJIXIAOBAIKE

保护区面积最大，大约160万平方千米。会议决定召开一次特别会议，以专门商讨海洋保护区问题。

2013年7月16日，25个国家和欧盟代表团齐聚德国不来梅港，专门针对海洋保护区问题进行了商讨。10月24日至11月1日，在澳大利亚霍巴特市召开的南极海洋生物资源养护委员会第32届会议上再次对包括由新西兰—美国联合建议的罗斯海保护区在内的两个重要的基于科学海洋保护区建议进行讨论。根据各方意见，提案删除了产卵期保护区。

2016年10月28日，由来自24个国家和地区以及欧盟的代表组成的南极海洋生物资源养护委员会在澳大利亚南部塔斯马尼亚州首府霍巴特共同签署一份协定，决定在南极罗斯海设立海洋保护区，该协定被称为"历史性"协定。罗斯海将设立一个一般性的保护"禁捕区"，禁止从该保护区内捕捞任何海洋生物或开采矿产。不过，罗斯海保护区内设立几个可对磷虾和犬牙鱼进行科研捕捞的特殊区域。

各国对南极的争夺不仅表现在直接圈海占地，还表现在以抢占舆论或道义制高点的更具合法性、合理性的方式，通过建立特别保护区实施"软控制"便是其中之一。

南极观光

　　神秘的南极洲，每年吸引了数万名游客光临。根据国际南极旅游组织协会（IAATO）对全球南极游客最新的统计数据：2016—2017年度全球赴南极旅游的总人数为44 403人次，其中位于前9名的分别是美国、中国、澳大利亚、德国、英国、加拿大、瑞典、法国和荷兰。美国以14 566人次居第一，中国以5386人次处第二，澳大利亚以4451人次排第三。美国登上南极大陆的有9540人次；中国登陆的有3944人次，而中国乘坐本国船的只有141人。2015—2016年度总人数为38 478人次，美国以13 660人次居第一，澳大利亚为4237人次，位第二，中国为4095人次，居第三。但一年后中国升至第二位，人数也递增了25%，看来中国的出国游热潮正迅速带动南极旅游。

　　但南极观光跟探险一样，也充满着变数和危险。

　　1979年11月28日18时，美国麦克默多站的食堂正响

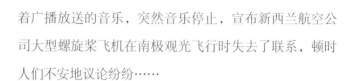

着广播放送的音乐，突然音乐停止，宣布新西兰航空公司大型螺旋桨飞机在南极观光飞行时失去了联系，顿时人们不安地议论纷纷……

此次南极观光专机于当日7时从新西兰的奥克兰起飞，中午左右到达罗斯岛附近，游客兴奋地从空中观看了埃里伯斯火山、干谷、麦克默多站和斯科特站等景观后再返回新西兰。这样的观光飞行已进行多次，这次乘客和乘务员及机组人员达257人。飞机12时50分左右完全失去联络信号，飞向不明。从麦克默多站起飞的飞机和直升机不停地搜索，最终发现南极观光专机在埃里伯斯山北侧斜坡坠落了。直升机用绳子把救援队放到现场，

南极观光

救援人员冒着在冰缝上坠落的危险进行调查，确认在长
600米、宽50米的范围散落着粉碎的机体，机上人员全部
殉难。

为了处理这次事故，以美国的阿蒙森—斯科特站和麦
克默多站为中心的观测和调查计划被迫中止或缩小范围。

这次观光是由澳大利亚和新西兰组织实施的。南极
的事故救援能力十分脆弱，一旦发生事故，都会是一场
大悲剧。

虽然南极游有很多方式，如航空南极观景游、环南
极圈一月游、横穿南极点和南极宿营等，但乘船游览南
极风光，尤其南乔治亚岛游仍然是最热的项目。

从阿根廷最南端港口乌斯怀亚到南极半岛的10日游，
游客可以从船上观看南极的风光，乘橡皮艇欣赏千姿百态
的冰山和海岸地貌，访问有民族特色的考察站，上岛享受
人与企鹅、海豹等南极特有动物的零距离接触，还可以到
欺骗岛挑战零度天气下的温泉海水浴……

但国际舆论对南极观光活动持谨慎态度。毕竟南极
是地球留给人类的最后一片净土，一旦环境遭到人为破
坏，即不能再生，因此，善待南极，保护南极，是人类
共同的使命。

垃圾和废弃物的处理

　　垃圾是指不需要或无用的固体、流体物质；而废弃物是指在生产建设、日常生活和其他社会活动中产生的，在一定时间和空间范围内基本或者完全失去使用价值，无法回收和利用的排放物。南极的垃圾和废弃物是人类在南极活动和生活的副产物，根据1991年《南极条约》协商签署的《关于环境保护的南极条约议定书》，对南极环境保护作出了严格规定，以不造成对环境损害为目的，分别对固体废弃物、食品废弃物、化学药品废弃物及可燃性废弃物区别对待，采取不同的处理方式。

　　中国南极考察队员守则规定了中国南极考察站有关废弃物和污水处理规定，考察站要定期组织队员对站区进行环境清扫，检查环境保护工作。在南极长城站和中山站周围，夏季约2个月，观测队员和"雪龙"号船员200多人，冬季40多名越冬队员在此生活，产生了各种各样的废弃物，还积存着观测仪器和机械设备等的捆包材料和旧机器、建筑垃圾等。在这些垃圾中，纸和木材及生活垃圾等可燃垃圾可利用焚烧炉处理，高温焚烧后，只剩下极少量的灰烬。对于考察站上不具备条件处理的废弃物、不能燃烧或燃烧时产生有害物质的塑料等垃圾，需要尽量减少体积，比如玻璃瓶要打碎，易拉罐要压扁，垃圾经妥善保管，随船运回国内处理。中国考察队从第14次南极考察正式开始把放在基地废弃的雪上车等大型物品带回国内。生活污水过去直接排入海中，后来进行生化处理达标后才排入海中。

南极废弃物

为什么要进行南极监测?

　　很多人会问，为什么要花那么多钱，到远离人类这么远的地方去进行南极监测？我们生活在地球，在宇宙中如一个很小很小的容器，常被称为地球系统。如果不知道这个容器内发生的事，那么地球系统运转就会发生故障。知道南极存在这么庞大的冰量是我们对南极监测的一个成果。这样巨大的冰块放在地球上，若不知会起什么样的作用，就不能应付其出现的问题。对大冰块多点进行长期调查，观察它的冰体融化、流动、积存的变化是很重要的。南极监测在国际合作下开展，制订了长期监测计划，并且持之以恒不间断地实施。在南极各站，首先作为容器的一个点不停止地开展各种参数监测是很有必要的，如气象监测等。在南极根据气象监测，调查容器中大气的准确运动，这个结果如同提高每天的天气预报精度，不仅是眼前需要，而且能得到容器内气

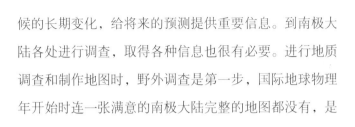

候的长期变化，给将来的预测提供重要信息。到南极大陆各处进行调查，取得各种信息也很有必要。进行地质调查和制作地图时，野外调查是第一步，国际地球物理年开始时连一张满意的南极大陆完整的地图都没有，是因为我们没有全部的地图资料。

南极监测费用十分昂贵。据估计，在南极开展一次观测活动，费用是在其他大陆进行同样观测费用的6～10倍。事实上，人类通过对南极的精细监测，同样可以得到高回报，由于南极天然实验室功能所呈现对地球变化的敏感性，如目前许多全球变化的前奏现象大多是通过对南北极的观测中发现的，它的这种先知先觉正成为我们类似于用放大镜来认识和保护宇宙中这个蓝色星球的手段。

南极底层水和世界大洋热盐环流

　　从秋季到冬季，气温下降，海冰成长，日照的反射率增大。海冰起到在大气和海洋间高效的绝热材料的作用。海冰的形成和发展引起了气温下降，促进了海冰面积的扩大。海冰区的形成有其自己扩大的结构。另外，海冰成长时，海冰向冰下排出高盐海水。因盐水是高盐分和高密度水体，沉入深海中，就会形成高盐分的底层水。

　　南极大陆周围，特别是在威德尔海、罗斯海和阿德雷地海域形成的南极底层水占全球海水的30%～40%，根据人造卫星数据，已查明位于日本昭和站以东1200千米的新生海域是南大洋仅次于罗斯海的第二高海冰生成海域，是南极底层水的生成区。南极底层水和在北大西洋北部（特别是格陵兰海南部）形成的高密度深层水（北大西洋深层水）一道经过印度洋最后到达北太平洋北部的中层。而且在北太平洋的东侧涌出，流经海洋表

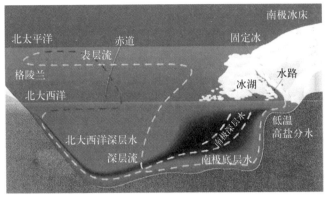

南极冰床

北太平洋　　　　　赤道　　　　　　固定冰

　　　表层流

格陵兰　　　　　　　　　　　　　　　水路

　　　　　　　　　　　　　　　冰湖

北大西洋

　　　　　　　　　　　　　　　　　　低温
　　　　　　　　　　　　　　　　　　高盐分水

北大西洋深层水　　　南极深层水

　　　　深层流　　　　　南极底层水

南极底层流

层，再一次被搬运到格陵兰海域和南极大陆周围。这样
在南北两极形成的高密度水就像一条带子一样连成了环
绕地球的海流。我们今天能有这样舒适的大气环境，极
区海洋在全球范围的气候形成过程中发挥了重要作用。

南极地区气候变化与环境变化

南极地区在地球气候系统中起着重要作用，有一些至关重要的敏感要素，如是地球最大的冷源；南极地区拥有地球最大面积的冰川和海冰，占全球的90%，其全部融化将使海平面升高63米。冬季，南极海冰覆盖面积大约为0.19亿平方千米，夏季覆盖面积减少到冬季面积的20%。南极地区还是地球上环境最脆弱和反应最敏感的地区，表现为单一物种的依赖性和独特的食物网脆弱性，因此非常容易受到气候变化的影响；同时南大洋还拥有地球巨大碳汇

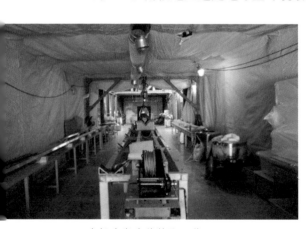

南极冰穹冰芯钻取工作

池，吸收二氧化碳的能力占世界大洋的30%以上，但是大量吸收二氧化碳的南大洋正在改变着海洋碳酸盐的化学平衡。受到全球变暖作用，南极半岛50年温度上升了3℃，半岛西侧上升了5℃，并出现了半岛冰架的快速崩塌现象。南极绕极流是全球最大的环流，它与全球洋盆之间联系形成了著名的横跨大洋的温盐环流，也被称为大洋输送带（Great Ocean Conveyer Belt），对大洋冷热平衡起着调节作用，而南极绕极流却阻碍了热量向南输送，这与北半球直接向高纬度地区输送热量的情况形成鲜明的对照。

英国南极局专家约翰·特拉领导100多名从事南极研究的跨国科学家，于2009年出版了《南极气候变化和环境》，揭示了影响全球变化的南极环境变异一些关键要素，如：①过去30年臭氧洞屏蔽了南极大部分地区，使之免于全球变暖影响；②南大洋表层海水正在变暖，生态系统正在发生变化；③过去30年南极上空臭氧洞是引起东南极海冰增加的主要原因；④古气候研究表明，南极将会对全球气候产生非常重要的影响；⑤如果21世纪温室气体浓度增加1倍，预计南极周边气温将上升3℃；⑥西南极的融冰将对海平面升高产生重大影响等。

南极地区气候变化与环境变化
ANJIDIQUHOUBIANHUAYUHUANJINGBIANHUA

 南极洲环流

南极洲环流为全球洋流系统最强劲的洋流，也称为西风漂流，是一个环绕南极洲由西向东的洋流。它具有南冰洋主要循环系统特征，能隔离温暖热带与冰冷南极洲的直接交换，使南极大陆长期维持巨大的冰盖。

南极洲环流横贯大西洋、太平洋、印度洋，也是三大洋交流的枢纽。此环流会受到地形及水底测绘特征的强烈限制。由南美洲开始，南极洲环流流经南美洲与南极洲间的德雷克海峡，接着在斯科舍岛弧分割，微弱的温暖分支向北形成福克兰洋流，较强的分支则穿过岛弧向东流。经过印度洋时，环流在印度洋的克革伦高原被分割，大部分流量转移向北。到达新西兰南部时，环流依照坎贝尔高原的轮廓流动，首次向南大幅转向然后再次转回向北。环流转向也可以在其经过东南太平洋洋中脊时出现。

南极洲环流包括多个锋面流系，它的北方边界定义

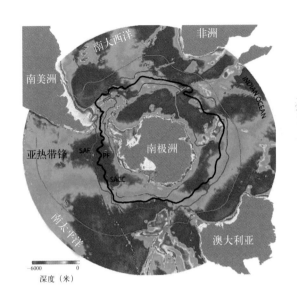

环南极海流

在亚热带锋，是一个温暖、高盐（盐度通常大于34.9）
的亚热带水域较冷、盐度较低的副极地水边界。向南有
亚南极锋，携带了南极洲环流的大部分流量，是一个表
层下呈现着最低盐度的亚南极模态水水域。再往南是极
锋，是一个极冷和较淡水的表层水。更南是南边界锋，
是一个以上升流为特征的几百米深的高密流系。大部分
流量由位于中部的两个锋携带。南极洲环流在德雷克海
峡的总流量估计为1.35亿立方米/秒，即约为全球河流流
量总和的135倍。在印度洋有较少的水量加入南极洲环
流，在塔斯曼尼亚南部的水量为1.47亿立方米／秒，此
处成为南极洲环流在全球最大水量的地点。

南大洋会酸化吗？

　　海洋吸收空气中过量的二氧化碳，导致酸碱度降低的现象，称为海洋酸化。海洋酸化自2003年被首次提出以来，已成为当今国际海洋科学研究前沿领域的热点议题。我们通常用pH值和文石饱和度（Ω文石）作为衡量海水酸化的指标，海水文石饱和度低于1时，即为腐蚀性海水，碳酸钙将会溶解。南大洋因具有较强的二氧化碳吸收能力，其海洋酸化问题较全球其他海域尤为突出。南大洋的二氧化碳吸收量占海洋对人为二氧化碳吸收量的30%～40%，是全球的一个重要碳汇区，并且在2002年以后碳汇能力显著增强。科学研究预测表明，南大洋将在2038年海水二氧化碳分压达到450微克/毫升时开始出现腐蚀性海水，到2100年，腐蚀性海水将进一步扩展到整个南大洋，酸化形势不容乐观。海洋酸化通过pH值变化直接影响生物的生理过程，还可能附带产生间接影响，如钙化作用和光合作用。碳酸根离子是海洋生物如珊瑚、海洋浮游植物和甲壳类合成骨架和外壳的必需品，酸化导致碳酸根离子减少，同时会导致文石饱和度减小，并直接影响海洋生物的钙化过程。这些变化将对以钙类生物为基础的生态系统产生很大影响，甚至可能会使生态系统崩溃，大量生物消失或者数量急剧减少，这对整个南大洋乃至整个地球都将是一场灾难。

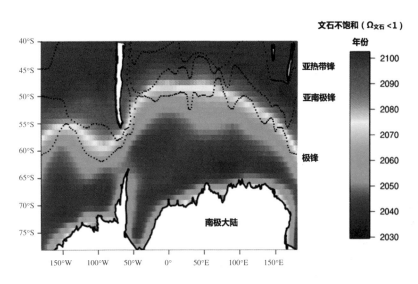

南大洋酸化水体扩张示意（从南向北扩散）

"铁假设"和南大洋施铁肥试验

"铁假设"是由美国约翰·马丁提出的。他认为，一些洋区的表层海水营养元素丰富，但浮游植物稀少，即被称为高营养盐低叶绿素海区，可归因于海水缺铁，一旦在海水中加入铁元素，浮游植物就会大量繁殖，并通

施铁肥促进海洋生物成长

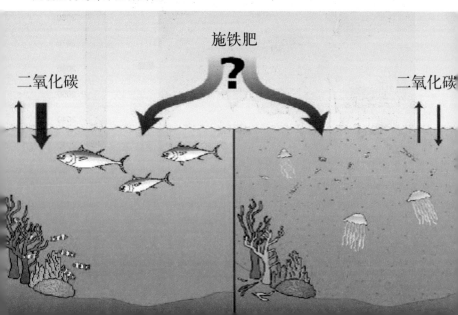

过更多吸收大气中的二氧化碳而影响全球气候变化。他喊出让世人震惊的名言："给我半船铁，我就能创造一个冰河期！"全球海洋约20%的海域属于"高营养盐低叶绿素"海域，主要分布于南大洋。

"铁假说"促使20年来进行了13次大洋铁施肥试验，其中在南大洋开展了5次。1999年，在澳大利亚以南的南大洋进行了现场加铁实验，结果发现，夏季时在南大洋高营养盐低叶绿素海区水域，铁可控制浮游植物的生长和群落结构。铁施肥可提高浮游植物的生物量和光合作用率，并引起水体中二氧化碳和营养要素含量降低，同时观测到二甲基硫含量有所升高。2000年的实验进一步证实铁是南大洋初级生产力的主要控制因子，大气汇总二氧化碳的年浓度下降，表层碳的量增加。2002年的2次实验表明，无论是高硅酸还是低硅酸的南大洋海域，夏季期间铁都是初级生产力的主要限制因子。2004年为期15天的实验表明，加铁后，浮游植物的生物量与未加铁的相比出乎意外低，似乎被其他因素所限制，颗粒有机碳的输出也未提高，二甲基硫和其他痕量气体浓度也没有提高，科学家提出在一些铁限制的水域，单一的加铁对于促进浮游植物繁殖和二氧化碳的吸

收并不是万能的。2004年11月至2005年1月的实验验证了之前的假设：在南大洋的克罗泽群岛附近所观测到的浮游植物浓度存在的南—北梯度是由自然"铁施肥"诱导产生的。

另外，陆源各种形态铁的长距离大气输运是海洋铁尤其是寡营养盐海域中铁的重要来源，而对这种"铁假设"的验证还需要更多的精细现场实验，如通过船舶来跟踪浩瀚大洋的大气铁输入，则需要在船上建立洁净实验室，采集大气各种颗粒样品，分析各种形态的铁，计算输入海洋通量，评估海水中铁迁移和生物吸收利用效率等。

"铁假说"推动了20年来的大洋铁施肥试验，海洋施肥研究也由微量元素铁施肥延伸到大营养元素海洋施肥。

盖亚和CLAW假设

南大洋也是验证盖亚（Gaia）和CLAW假设的天然试验场。

盖亚假说的核心思想是认为地球是一个生命有机体，在地球生命体和非生命体（环境）之间形成了一个可互相作用的复杂系统，这样地球就能通过自身调节来适应生命持续的生存与发展。盖亚假说由英国大气学家詹姆斯·艾夫莱姆·洛夫洛克（James E.Lovelock）在20世纪60年代末提出的，后来经过他和美国生物学家马古利斯（Lynn Margulis）进一步推进，认为：地球上的生命和其物质环境，包括大气、海洋和地表岩石是紧密联系在一起的系统进化。虽然盖亚假说的有些预测得到了证实，但对于以下含义仍引起了很大的争论：①如果把盖亚作为一个负反馈调节系统，如何理解该系统的目标；②如何理解盖亚的自动平衡态，在地球的大气、坏

境等不断发生巨大变化时，它是如何保持自动平衡的；③盖亚作为一个整体系统，一直通过计算机模型和模拟实验来研究，而科学理论是需要实验论证来支持的。因此人们寄希望于南极地区，因为南极洲和南大洋被认为是天然实验室，是至今仍保持着地球原始洪荒状态最多的地方。

根据盖亚假说机制，20世纪80年代产生了CLAW假设，CLAW是按照1987年发表在英国《自然》文章的4位作者姓的第一个字母的组合命名的。该假设进一步阐

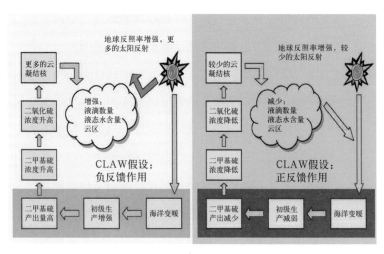

CLAW假设

述了硫在海洋–大气循环过程对全球变暖产生的负反馈作用。CLAW假设认为：人为排放大气的二氧化碳造成温室效应，地球生物体自我调节机制的主角叫作二甲基硫（DMS），当大气中二氧化碳增加导致温室效应并促使地球气温上升时，会提高藻类的生产力，而其新陈代谢增加会促使二甲基巯基丙酸的排放量增加，二甲基巯基丙酸会转化为二甲基硫，二甲基硫排放到大气中转化成的硫酸盐（也称为非海盐源硫酸盐），而大气硫酸盐增加使形成的云凝结核增加，而云凝结核增加会使其散射和吸收太阳短波辐射作用增强，从而降低地表温度，缓解全球变暖。CLAW假设推进了关于地球气候的生物调控思想。

CLAW假设的验证，需要现场能同步实时地观测到海水中和大气中的二甲基硫浓度及其气体–颗粒转化形成非海盐源硫酸盐的路径和通量，因此发展走航的海水二甲基硫测定、大气中甲磺酸和二氧化硫以及硫酸盐观测等是CLAW假设验证的关键工程和技术，目的是准确地定量硫的海–气交换通量，并结合卫星遥感技术获取海表面温度、叶绿素、云凝结核以及云状态和降水等重要参数，来提高验证CLAW假设的可靠性。

中国南极科学考察队

    中国南极科学考察队（以下简称"南极考察队"），是指中国科学家在南极进行科学考察活动的队伍。每年度夏100多名，越冬30多名，合计200多名考察队员分别乘"雪龙"号横穿南大洋，踏上中山站、长城站、泰山站和昆仑站等中国南极考察站，开展现场观测和研究。

    南极考察队是一支国家代表队，队员主要来自国家海洋局、中国科学院、教育部、国家气象局、自然资源部、工业和信息化部等单位，分别开展冰川学、地质学和地球物理学、生物学、气象学、海洋大气化学、高层大气科学、大地测绘、人体生理和医学以及海洋科学和全球变化科学等研究。考察队员由国家极地考察工作主管部门负责选拔、培训、派送和管理。中国南极考察不仅在中国的南极考察基地考察，还派遣队员参加其他国家的南极考察队，参与其他国家南极基地的考察。为了能在严酷的南极自然环境中生存，考察队员必须经过严格挑选，具有高度的政治觉悟、良好的心理素质和高超的专业技术。在南极长城站、中山站的30多名越冬队员，分别承担建筑、发电、通信、伙食、机械、医疗等工作，这些人员统称为站务人员。科学考察站的主要任务是开展科学研究，必须选派具有很强从事现场观测能力的科技人员。衡量一个科学考察站是否成功运行，研究人员和站务人员的密切配合是极其关键的。

南极考察队物资运输

　　站上的雪上车、吊车、拖拉机、卡车等运输工具就有十几辆，维修保养的工作量也很大。发电系统是站上的心脏，若停电，所有的研究人员都不能很好地进行观测。因有专门厨师，每天能够吃到可口的饭菜，从而使每个人都能高效率地进行自己的工作。由于通信人员昼夜辛勤的工作，能使国内及时了解站上的各种信息，队员能及时了解国际国内新闻，能随时与家人和亲朋好友通话联系。作为一个站务人员去南极，也是实现自己梦想和挑战自我的一次机遇。

　　2014年，中国电信首次在南极开通移动通信服务，结束了中国在南极没有移动通信的历史。在开通移动通信之前，中国南极中山科考站与外界的网络连接只有唯一一条1兆带宽的卫星信道，50多名科考队员只能通过海事卫星电话与国内进行联系，通话质量不稳定，费用昂贵，只能用于重要的工作通信联系。现在，南极考察站与国内打电话变得十分便捷。

参考资料

陈立奇.中国南北极考察[M].北京：海洋出版社，2000.

陈立奇.南极地区对全球变化响应与反馈作用研究[M].北京：海洋出版社，2004.

鄂栋臣.南北极地图集[M].北京：中国地图出版社，2009.

李占生，宋荔，高风.南极条约体系[M].天津：天津大学出版社，1997.

刘书燕，万国才，等.南极科学博览[M].北京：海洋出版社，1992.

刘书燕，周大力译.不可思议的南极大陆[M].北京：海洋出版社，2002.

秦大河.冰冻圈科学词典[M].北京：气象出版社，2014.

武衡，钱志宏.当代中国的南极考察事业[M].北京：当代中国出版社，1994.

神沼克伊.南极情报101[M].东京：岩波少年出版社，1983.